テレビ報道記者

日テレ社会部デスク兼キャスター
下川美奈
Shimokawa Mina

WAC

テレビ報道記者

◉目次

プロローグ　「オウムイヤー」の暑い夏

第一章　駆け出しの社会部記者は泣いたり、怒鳴ったり……

一九九六〜二〇〇三

第二章 再び警視庁クラブへ 二〇〇三〜二〇〇六

第五章 「情報ライブ ミヤネ屋」と「深層NEWS」 二〇一一〜

エピローグ　酒とゴルフと男と女

編集協力／菅原昭悦
装丁／神長文夫＋柏田幸子

プロローグ　「オウムイヤー」の暑い夏

「女は来るな」

一九九六年六月三日、警視庁クラブの一員となって初登庁した私は、いろいろな人に「よろしくお願いします」と挨拶回りをして午前中が終わりました。昼過ぎぐらいに東京の中野で現金輸送車が襲われる強盗事件が発生し、死者は出なかったけれど、拳銃を使用していたので特別捜査本部が立ち、私にも「夜回りに行け」と指示が出ました。

初めてのことだから「どうしたらいいですか」と先輩に相談すると、「午前中に挨拶した人のなかに鑑識課の幹部の一人がいて、家が近い。行ってみなさい」とアドバイスをもらい、さっそくその人の家に向かいました。しかし、その日の夜も翌日も会えなかった。事件が発生すると家に帰らない警察官は多く、この人もたぶん帰っていなかったのでしょう。

三日目の夜に行ったら家の明かりが灯っていました。心の中で「やった！」と叫び、呼び鈴を押すと、ドアが開いた。ところが、鑑識の幹部は私と目が合った瞬間、ドアを閉め、「うちは単身赴任だから女は来るな」とすごい剣幕で怒りました。あまりの怒り声に、しばし声も出なくなりましたが、「ドア越しでいいので、お話を聞かせてもらえませんか」となんとかふりしぼって声をかけると、「男女差別はしないから、とにかく来るな」と言うのです。「差別しているではないですか」と反論しても通じず、取りつく島もなかった。

わずか二十二年の人生ではありますが、赤の他人にあれほどひどく怒られた経験はゼロでした。「挨拶した時は優しい感じだったのに」「仕事で来ているのであって、私だって来たくて来てるわけではないのに」と、ネガティブな気持ちが次々に湧いてくる。かといって、ほかに夜回りへ行くところは思い当たらず、「もう立ち直れないかもしれない」「私には向いてないんだ」などと感じました。

こうして警視庁クラブで最初の取材からつまずいたわけですが、私がショックを受けて悄然《しょうぜん》としていることに関係なく、警視庁管内で事件が次々に起こります。「何という所に来てしまったのだろう」と愕然《がくぜん》としました。何の役にも立てないまま、ただただ忙しさに振り回されていました。

なかなかペースがつかめず、異動して三カ月は「泣いて暮らした」といってもいいほどです。後の私を知っている人は「またまたご冗談を」と笑うかも知れませんが、「泣いて暮らした」は決して過言ではありません。私は未知の仕事にすぐには順応できない体質のようです。

三カ月後ぐらいに、葛飾《かつしか》の柴又帝釈天《しばまたたいしゃくてん》近くで上智大生殺害事件（注1）が起こりました。この事件はまだ解決していないのですが、ジャーナリスト志望だった女子大生の被害者へのシンパシーもあり、気持ちを持ち直すきっかけの一つになりました。また、ちょっとしたことではあっても経験が積み重なってきて、「あの鑑識幹部のように言う人ばかりではない」「ある程度、男と女は違う。でも、女なりにがんばればいい」というふうに考え始めた。ようやく落ち着いて「取材して報じることはやりがいがあって面白い」と思えるようになりました。

注1　上智大生殺害事件　一九九六年九月九日、上智大学四年生の女性が東京都葛飾区柴又の自宅で殺され、家が放火された事件。被害者は二日後にアメリカ留学に旅立つ予定だった。家族以外のＤＮＡが見つかるなど、有力な証拠はあったが、いまだに犯人は逮捕されていない。

「仮採用の君には有給休暇がない」

一九九五年五月から毎日のように東京都港区南青山へ足を運びました。といっても、おしゃれなブティックやレストランを訪ね歩いたわけではなく、日本テレビ報道局の新人社員記者として、オウム真理教（注1）南青山総本部の前で張り番をしていました。日本テレビに入社したのはこの年の四月。今は新人研修を何カ月もやっているけれど、私の時は一カ月だけで、五月から各局に配属になった。私の行き先は報道局の社会部でした。四十八人いた同期のうちで報道局に行ったのは八人で、ほとんどが社会部です。

配属された日の午前十時、「大学の卒業式で着るように」と伯父からプレゼントされた一番いいスーツを着て報道局の部屋に入ると、「新人は全員、オウム真理教の張り番だ」と告げられました。

三月二十日に地下鉄サリン事件（注2）が起こり、二日後にオウム真理教の強制捜査が始まったこの年は、報道の世界において「オウムイヤー」でした。報道局は人手がいくらあっても足りなかったのでしょう。一カ月の研修を終えたばかりの新人が、デジカムを持たされ、ローテーションで南青山総本部と山梨の上九一色村《かみくいしきむら》の施設の前に行き、張り番に従事させられたのです。

運がいいのか悪いのか、私はジャンケンで負け、初日から南青山総本部の張り番が割り当てられました。始めた時は暗くなっていたので、「勤務時間」は十九時から朝の七時までだったと思います。

その日、私が着ていたスーツは薄手で、夜になるとかなり冷え込んだために風邪を引いてしまいました。一週間後ぐらいに高熱が出て、「すみません。休みます」と申請したら、「仮採用の身なので、君には有給休暇がない」と言われました。本採用は七月一日からで、人事の規定では正社員でない私に有給休暇がないというわけです。

結局、上の人たちが話し合い、「夏休みを前借りする」という形で対処していただいたので、三、四日、休ませてもらえました。でも、おかげでその年の夏休みがなくなりました。

注1 オウム真理教 一九八四年に松本智津夫《ちづお》（麻原彰晃《あさはらしょうこう》）が設立した「オウムの会」に始まり、一九

八七年に「オウム真理教」と改称した宗教団体。オウム真理教被害対策弁護団の坂本堤弁護士一家を拉致して殺害、長野県松本市の住宅街で神経ガスのサリンを噴霧して八人を殺害、東京の地下鉄でサリンを撒いて十三人を殺害するなどのテロを実行し、被害者総数は死者三十人、重軽傷者六千人以上にのぼる。一九九五年に東京地裁から解散命令が出されたが、二〇〇〇年に名前を変えて再編。現在は「Aleph」と分派した「ひかりの輪」が活動している。

注2 地下鉄サリン事件　一九九五年三月二十日の通勤時間帯にオウム真理教が営団地下鉄の丸ノ内線、日比谷線、千代田線の車内でサリンを撒いた同時多発テロ事件。三月二十二日に警視庁がオウム真理教への強制捜査に着手し、トップの松本智津夫（麻原彰晃）以下、幹部クラスと実行犯が逮捕された。松本サリン事件など、他の事案を含めて、十三人に死刑、五人に無期懲役の判決が出た。

強面のボディーガードの落ち込んだ表情に胸が締め付けられた

今考えると不思議なスペースなのですが、南青山の高級住宅街の交差点の一部がパイロンで仕切られ、そこに報道各社がパイプ椅子を置いて、カメラマン、照明さんと音声さん、記者と三席分ぐらい確保して陣取っていた。でも、オウム側に動きがなければやることがないから、みんな雑誌などを読んだりしていました。

張り番に従事したこの夏は、ものすごく暑かったことを鮮明に覚えています。各社の取材クルーが直射日光を遮るためそれぞれパラソルを立て、真夏の海水浴場のようでした。でも、地面のアスファルトからの照り返しがきつかった。当時の日本テレビの報道局長が視察に来てあまりの暑さに驚いて、アイスクリームを配ったけれど、そんな慰問ではどうにもならないほど暑さが苛酷《かこく》で、記者がバタバタと倒れた。そのため、張り番は二交代制から三交代制に変わったはずです。

私は南青山総本部で張り番をすることが多く、教団の広報部長だった幹部の上祐史浩《じょうゆうふみひろ》（注1）と共に移動しました。上祐を乗せた車についていったら、行き先が上九一色村だったことはありましたが、私が上九一色村で張ったのは一回ぐらいです。

幹部の村井秀夫（注2）が南青山総本部前で殺害されたのは四月の終わりだったから、研修中の私はテレビでその場面を見ました。張り番になっていった時、「ここがあの時の現場だ」と思ったりもしましたが、忘れられないのは上祐のボディガードです。

ある時、会見で私は「上祐さん、あなたのボディガードが逮捕されました。どうお考えですか」と質問した。これにどんな回答があったかは覚えていませんが、会見後にボディガードの一人が心配そうな顔で近寄ってきて、「本当に逮捕されたんですか」と私に聞いたのです。ボディガードには普段から会うと会話をする人もいたし、全然しゃべらない人もいました。私に真偽を確かめたのはしゃべらないほうの人でした。「そのようですよ」と答えると、強面《こわもて》だったその人が急に落ち込む表情になった。それを見て、ちょっと胸を締め付けられました。

当時、南青山総本部にいた信者たちは、まじめに修行している人が多かったように見えました。会見場にはよくゴキブリが出たりしたのですが、殺生をしてはならないとして、ビンに入れて外に捨てに行く姿をよく見かけました。駆け出しの記者としては、報じているオウムの残虐性と目の前の信者の素朴さとのギャップにも戸惑うことも多かったです。

路上で張り番をする時に困るのがトイレですが、近くのコンビニが貸してくれて助かりました。当時は今ほど気軽にコンビニでトイレを借りられる空気はなく、一番近いコンビニは貸してくれなかった。だから、張り番している記者はみんな、一番近いコンビニでは買い物をせず、トイレを貸してくれる店まで行って買っていました。両店の売上げの差は相当広がったと思います。情けは人のためならず、です。

注1 上祐史浩 一九六二年〜。早稲田大学理工学部で学んでいた一九八六年にオウム真理教の前身である「オウム神仙の会」に入った。地下鉄サリン事件後は外報部長、緊急対策本部長としてスポークスマンの役割を担い、マスメディアを相手に巧みな弁舌で対抗して、「ああいえば、上祐」と揶揄《やゆ》された。熊本県波野村《なみのそん》の土地取得に関する国土利用計画法違反事件で偽証、有印私文書偽造などの容疑で逮捕され、懲役三年の判決で服役。一九九九年十二月に出所する。現在は「ひかりの輪」の代表を務める。

注2 村井秀夫 一九五八年〜一九九五年。大阪大学大学院理学研究科修士課程を卒業後、一九八六年に「オウム神仙の会」に入った。オウム真理教で科学技術部門の最高幹部と見られていた。一九九五年四月二十三日、港区南青山の東京総本部前で暴力団員に刺殺された。

ちょっとした気付きでつかんだ「最初のスクープ」

オウムの南青山総本部で張り番をしていた時、十月の少し前ぐらいから「上祐が逮捕される」という空気はあったけれど、それがいつかはわかりませんでした。特に、当時の私は事件取材の最前線だった警視庁クラブの記者ではなく、ディープな捜査情報は知らされていませんでした。

十月七日、私は南青山総本部前の雰囲気が普段と違うことに気付きました。ほとんど見かけないNHKの記者を朝から何人も見かけたし、五台のカメラが総本部を取り囲むように置かれていたのです。いくら大盤振る舞いのNHKでも、通常総本部周辺にいるカメラは多くて二台でした。

「NHKの記者がやたらに多く、五カメぐらい出ていて、おかしいと思います」

本社に連絡すると、警視庁記者クラブの記者が取材して「間もなく逮捕だ」と裏を取り、日本テレビは「上祐逮捕へ」というニュース速報のテロップを一番早く出しました。

この速報は金曜ロードショーでジブリのアニメ映画を放送中に流れ、「録画しているのに何てことをするんだ」と苦情が殺到したそうです。それを後から聞いて、「申し訳なかったかな」という気もしました。でも、単なる見張り番をしている新人ではあるけれど、ちょっとしたことに気付いて役に立てた気がして嬉しかった。

本当はNHKのスクープになるところをズルした観は否めませんし、裏をきちんと取った警視庁クラブの先輩記者の功績あっての速報なのは当然ですが、この小さな「最初のスクープ」が記者としての自信の一歩になったと思います。

蛇足ですが、当時もう一つ〝自己満足スクープ〟がありました。

松本智津夫の弁護士に横山昭二弁護士と言う強烈なキャラクターの弁護士がついたのですが、彼が最初に南青山総本部を訪れた時、私が張り番をしていました。警備の警察官に名前や目的を言わないと中に入れなかったのですが、彼は止められると思いきや、スーッと入っていく。他の警察官も不思議に思ったのでしょう。通した警察官に近寄り「今のだれ?」と聞いているようでした。その時に、「弁護士だって」と唇が動くのが見えたのです。私はもしや松本智津夫の弁護士かも、と思いました。知り合いのワイドショーのリポーターが「今のおじいちゃん誰?」と聞いたので「知らないですけど麻原の弁護士かもしれませんよ」と言ったら、「またまた！　あんなのが弁護士のわけないじゃん」と笑って行ってしまいました。私もやっぱりそうかなあ、と思いましたが、その後すぐに総本部の中から出てきた横山弁護士が記者の囲みに答え、松本の弁護士になったと発表。あのリポーターは血相を変えていました。

上祐が逮捕された時、「五月から五カ月ぐらい、ほとんど毎日のように張り番をしていた南青山総本部に、もう来なくていいんだ」と思ったら、うれし涙が出ました。ところが、一週間くらい経つと、「もうあそこに行かないんだ」とさみしさを感じるようになった。燃えつき症候群だったのかも知れません。

地下鉄サリン事件から二十年目の二〇一五年に南青山総本部だった場所を訪ねたら、まだ建物はありましたが、翌二〇一六年に取り壊されました。

警視庁クラブへの異動に号泣した

上祐の会見は、テレビで生放送しない時でもライブで本社から見られるように回線を構築していました。これを「生スルー」といいます。

「こいつのせいで私のプライベートな予定がオジャンだ」という個人的な恨みも含め、私はオウムにも上祐氏にもむかついていたので、会見で上祐にしつこく質問しました。それを「生スルー」で見た当時の社会部長が「こいつは事件が好きに違いない」と勘違いし、その勘違いが翌年の異動に影響したようです。

異動を知った時のことはよく覚えています。一九九六年五月、オウム真理教が破防法適用に対する弁明をしました。オウム側がしゃべる場に記者は入れないけれど、音声室という所で音声だけはライブで聞こえる。それを書き取って「中継」することになり、大取材団が組まれました。その時、みんなでバスに乗って移動したのですが、帰りのバスの中で、当時、夕方のニュース番組でキャスターを務めていた木村優子さんが「下川、来月から警視庁だって」と教えてくれたのです。

私は鳩が豆鉄砲をくらったような感じで最初はぽかんとしました。我に返って「何ですか、それ」と聞き返すと、「さっき内示が出て、下川は警視庁クラブ（注1）」と木村さんが言いました。

「政治部記者になるために入ったのに……警視庁なんて絶対嫌だ」

恥ずかしながら私は、バスの中で号泣しました。

就職活動の時、私の志望はテレビ局の政治記者であり、その望みが絶たれたように感じたのです。

注1　警視庁記者クラブ　警視庁には主として三つの記者クラブがある。朝日、毎日、読売、東京、日経、共同通信が加盟する「七社会」、NHK、産経、時事通信、ニッポン放送、文化放送、MXテレビが加盟する「警視庁記者倶楽部」、日本テレビ、TBS、フジテレビ、テレビ朝日、テレビ東京が加盟する「ニュース記者会」である。

「テレビが政治を変えるかもしれない」

テレビの報道に憧れのような思いを抱いたのは中学生の時でした。私が通った女子学院（注1）は「聖書の授業」などの中で原爆のことを取り上げたり、時事的な社会問題を考えさせたりしました。そういう学校での環境が、「政治」と「報道」という分野に対する関心を育んだように思います。

といっても、中学生、高校生ぐらいは漠然としたものであり、志望といえるレベルではなかった。それでも大学に進学する時は、私の中で多くのジャーナリストを輩出しているイメージが強かった早稲田大学政経学部政治学科を選びました。

決定的だったのは大学二年から三年にかけてです。二年生だった一九九二年はアメリカの大統領選挙がありました（注2）。この選挙でビル・クリントンが当選し、そこで展開された「テレビ選挙」と言うべき活動が面白かった。翌年の一九九三年には日本で総選挙があり、細川護熙《もりひろ》（注3）政権ができました。この時、日本新党（注4）が結成されて、日本でもテレビ選挙のようなものが活発になっていました。一方で、テレビ朝日の椿貞良報道局長発言（注5）のようなテレビ局のあり方が問題になる出来事も起こりました。

そういう動きを見ていて、「政治は身近なようで、ものすごく遠いイメージがある。テレビがそういう部分で身近にさせる存在なのかもしれない」と思い、私の中で「テレビが政治を変えるかもしれない」という理想——正確には「幻想」——が生まれたのです。

テレビの政治記者になりたいと思った直接のきっかけのひとつは、当時、自民党の幹事長だった小沢一郎（注6）です。強面で偉そうにしていて、何もしゃべらない。「この人はいったい何を考えているのだろう。この人の真実の声を聞き出す記者になりたい」

そんなことを考えました。

卒論作成の時期になり、テレビと政治を無理矢理くっつけて、「テレビと日本のデモクラシーの関係」というテーマにしました。早稲田大学政経学部政治学科のゼミの先輩にたまたま当時、日本テレビの政治部長がいたので、「OB訪問」と称してお目にかかり、「卒論を書いているのですが、テレビ局のいろいろな方の話が聞きたくて」などと前置きして、遠慮なく質問をぶつけました。もうお辞めになられましたが、その方は面倒見がよく、ニュース・キャスターやほかのテレビ局の政治部長を紹介してくれました。

注1 女子学院 東京都千代田区一番町にある中高一貫の女子校で、「JG」という通称でも呼ばれる。明治時代に設立されたミッション系の女学校をルーツとする。なお、女子学院と日本テレビは指呼の間にある。

注2 一九九二年のアメリカ大統領選挙 民主党のビル・クリントンが共和党の現職ジョージ・ブッシュ（パパ・ブッシュ）を破って当選した。第三の候補だったロス・ペローが、一時は世論調査でトップに立ったことがあった。

注3 細川護煕 一九三八年〜。熊本藩主だった細川家の第十八代当主で、上智大学を卒業後、朝日新聞に入社し、新聞記者から政界に転じる。参議院議員、熊本県知事を歴任し、一九九二年に日本新党を結成。一九九三年に新生党、新党さきがけなどとの連立政権の首班となり、第七十九代総理大臣に就任。自民党は下野し、五五年体制が崩壊した。

注4 日本新党 一九九二年、細川護煕が新しい政治体制を作り上げるために結成した政党。同年の参議院議員選挙は比例区で四人が当選、翌一九九三年の総選挙では三十五人が当選した。新生党代表幹事の小沢一郎が細川に首相就任を打診し、非自民党勢力の連立政権が成立するが、一九九四年に自民・社会・新党さきがけの連立政権（村山富市内閣）の発足によって日本新党は下野。同年十二月に解党し、新進党が結成された。

注5 椿貞良報道局長発言 一九九三年の総選挙に際して、テレビ朝日の椿貞良報道局長が日本民間放送連盟の会合で「自民党政権の存続させないような報道をしようという方針だった」という趣旨のことを発言し、偏向報道をしたとして放送法違反が疑われた事件。椿は報道局長を解任された。

注6　小沢一郎　一九四二年～。自民党田中派で頭角をあらわし、自治大臣、幹事長などを歴任。政界再編成の一翼を担い、新生党、新進党、自由党、民主党、国民の生活第一など、新党で有力者の地位を占めた。現在は自由党の共同代表。

第一志望はTBSかテレビ朝日だったけれど……

卒論のためのインタビューとは別に、テレビ局を第一志望にして就職活動を始め、受けられるところはすべて受けました。正直、「どこかに入れればいい」という感じです。だから、大阪のテレビ局も受けに行ったし、東京で受けられる地方のテレビ局にも願書を出しました。地方のテレビ局は東京より少し早く就職活動を受け入れるので、そこで予行演習をしようという計算もありました。

地方局の面接官は親切な人が多かった気がします。私が就職活動をした時期に、父と母が入院しました。ひとりっ子でそれまで自分で何もやらずに過ごしてきたのに、就職活動の時に限って何から何まで自分でやり、しかも両親の面倒も見なければならなかった。それだけにストレスが重なり、最初は全然うまく行きませんでした。面接で焦りばかりが先走ってしまって、地に足がついていないような状態だったのです。

確か宮城県のテレビ局だったように記憶しているのですが、面接官から「もうちょっと落ち着いて、キャッチボールをするように話すほうがいい」と言われました。それを聞いて「あ、そうか。聞かれたことに答えればいいんだ」と、ストンと何か落ちたように気持ちが楽になり、うまく話せるようになった。会社名も覚えていないのに、こんなことを言うのはなんですが、あの方には本当に感謝しています。

大阪の毎日放送と読売テレビは三次面接の時に面接日が重なりました。「どこでもいいから入りたい」私としてはどうしても両方受けたかった。そこでなんとか、違う日に受けようと画策した。交通事故に遭って入院した母親の手術は数日前に無事終わっていたけれど、「母の手術と重なるから一日ずらしてもらえませんか」と、どちらかのテレビ局に電話して翌日に変えてもらい、二日連続して面接を受けることができました。

当時は、毎日放送と読売テレビは三次面接から旅費を出してくれ、二カ所からもらった旅費を宿泊代にあててもお釣りが来ました。生まれてはじめての大阪だったから、食い倒れ横丁で文字通り食い倒れました。読売テレビのほうは最終面接までいき、日本テレビが受かったので辞退しましたが、「読売系にご縁があったのかな」と感じます。

ちなみに、日本テレビにそれほど思いが強かったわけではありません。「きょうの出来事」（注1）のキャスターだった櫻井よしこ（注2）さんは好きだったけれど（櫻井さんは卒論のためにインタビューをさせていただきました）、どちらかというと、当時は「報道のTBS」というようなキャッチフレーズがあったし、「ニュースステーション」（注3）や「朝まで生テレビ！」（注4。ちなみに、「朝まで生テレビ！」の「電ギャル」のアルバイトをしたこともあります）でテレビ朝日が報道番組と討論番組に力を入れていると考えたので、「TBSかテレビ朝日がいい」と考えていました。

ところが、TBSは一次面接の会場に入った瞬間に、「絶対落ちるな」とわかるぐらい空気が合わなかった。テレビ朝日は最終面接ぐらいまで行ったと記憶してますが、落ち、フジテレビは一回か二回で落ちました。

中学、高校の六年間は、「ズームイン!!朝！」（注5）を放送中の日本テレビ前を遅刻ギリギリに走りながら登校していました。そういう意味で日本テレビに馴染みがあったけれど、「ここで働く」というイメージはなかった。でも、一次面接の会場に足を踏み入れた瞬間、「絶対、ここで働く気がする」と思った。面接官とも波長が合うし、「いい会社だな」と感じたのです。ただ、入社後、政治部でなく社会部に席を置き、主に事件畑で仕事をするとは、当時、予想だにしなかったことでした。

注1 NNNきょうの出来事 日本テレビ系列で一九五四年十月から二〇〇六年九月まで放送された夜のニュース番組。「あ、さて」が口癖の小林完吾アナウンサーや、日本における女性キャスターの先駆者とされる櫻井よしこなど、ユニークなキャスターが一九七〇年代から八〇年代にかけて登場した。

注2 櫻井よしこ 一九四五年〜。ベトナムのハノイ生まれ。慶應義塾大学文学部を中退し、ハワイ大学マノア校歴史学部を卒業する。英字紙「クリスチャン・サイエンス・モニター」東京支局などを経て、一九八〇年五月から一九九六年三月まで日本テレビ系列の「NNNきょうの出来事」のキャスターを務めた。

注3 ニュースステーション 一九八五年十月から二〇〇四年三月までテレビ朝日系列で放送されたニュース番組。TBSを退職してフリーだった久米宏がキャスターに招かれ、テレビ朝日の看板的な番組となった。

注4 朝まで生テレビ！ 基本的には月に一回、深夜の時間帯にテレビ朝日系列で放送している討論

番組。一つのテーマを設定して、関係するゲストを多数招き、田原総一朗の司会で進行する。一九八七年四月から二十年以上も続く長寿番組である。

注5 ズームイン‼朝！ 一九七九年三月から二〇〇一年九月まで、日本テレビ系列で放送した情報番組。東京都千代田区二番町（麹町）のオープンスタジオと各地からの中継でニュースなどを報じるという特徴があった。

第一章

駆け出しの社会部記者は泣いたり、怒鳴ったり……

一九九六～二〇〇三

記者クラブ用のシャワー室を使わなくなった理由

当時、まだオウム事件の余波が続いていて、林泰男《やすお》（注1）が石垣島で見つかった事件もありましたが、ほとんどの容疑者が逮捕されて裁判が始まる時だったので、裁判の取材もしました。

その頃、警視庁クラブの女性記者は日本テレビに二人、フジテレビも二人いて、増えはじめた時期でした。記者の待遇は男女に違いがなく、女性だからといって夜勤が免除されたりはしません。日本テレビのクラブ員は九人だったけれど、毎週一回は泊まり勤務があって、一番下っ端が土曜日泊まりと決まっていました。だから、私が一番下っ端だった一年間は土曜日が泊まりで、夜勤明けの日曜日は使い物になりません。制度として代休はあるけれど、当時、事件がよく月曜日に起こったりしたので、「また、召し上げられる」という感じでした。二年目は金曜日泊まりに「昇格」したので、やっと日曜日を休日にできました。

なお、夜勤は残業代が出ます。今も出ることは出るけれど、私が入社した頃のほうが残業代は多かったです。だから、買物でストレスを発散しました。ただ、時間がないので、夜回りの前にお店に立ち寄り、「これとこれとこれ」と速攻で買った。今考えると、無駄な買い物を多くし、もったいない話ではあります。

泊まりの日にこんなこともありました。警視庁には記者クラブ用のシャワー室が設けられています。鍵はかかるものの男女共用な上、クラブのある部屋とシャワー室は少し離れていて、まだ若い女の子だったから、シャワーを浴びた後に誰かに会うのがいやでした。夜中の三時とか四時ぐらいだったら誰もいないと思い、その時間帯にシャワーを浴びて帰ったら、同じ捜査一課担当（一課担）の某新聞の記者とバッタリ会った。無視するわけにいかず、「お疲れ様です」と挨拶してそのまま行こうとすると、「泊まりですか。気をつけてくださいね」と言われ、背中がゾゾゾーっとするほど気持ち悪かった。それ以来、よほどのことがない限り、シャワー室を使いませんでした。

また、夏にどうしても汗くさくて、早朝にシャワーを浴びていたら、広報の人がシャワー室の外から大声で「下川さんいる？　緊急会見入ったよー」などと教えてもらい、あわてて濡れたまま飛び出したこともありました。警視庁担当はおちおちシャワーも浴びられない過酷なところなんです……。

注1　林泰男　一九五七年〜。一九八七年に「オウム神仙の会」へ入り、麻原彰晃の運転手や科学技術省の仕事を担当した。地下鉄サリン事件では実行犯の一人となり、捜査の手を逃れて逃亡を続けるが、一九九六年十二月、沖縄県石垣市で逮捕された。二〇〇八年二月に死刑が確定。

国税庁記者クラブで泡を吹いて倒れた

最初の警視庁クラブ勤務は二年一カ月で終わりました。本当は二年半から三年の予定で、一九九八年六月に捜査一課担当の仕切り（注1）となったのですが、それから一カ月後に国税庁の記者クラブへ移されました。国税庁の記者クラブはもともとNHKと新聞と通信社しか入れなかったのが、「民放さんもいいですよ」と変わり、急遽、前任者のいない国税庁の記者クラブに送り込まれたのです。

国税庁はお酒の官庁でもあり、試飲会がよく開かれるし、飲み会のたびにラベルのついてない「国税ミックス」のすごいお酒が置いてありました。私が警視庁クラブから異動して間もない頃、歓迎会を含めた飲み会が開催され、当時の次長——長官の次のナンバーツーです——から「乾杯しましょう。下川さんもどうぞ」と、ビールグラスのようなコップを渡され、なみなみと注がれた。この人はお酒好きで、うんちくを語り出すと長いのですが、とても明るく、飲ませ上手でした。次長がグビグビと飲まれたので、「これはそういうふうに飲むお酒だ」と思い、私もグビグビと飲んだ。警視庁クラブ時代に安い日本酒をちょっと飲んだことがあったけれど、日本酒をグビグビ飲んだのはこの時が初めてです。グビグビ飲むのはビールと焼酎だけでした。

「フルーティでおいしいですね」と話してたところまでしか記憶がありません。飲み会の場所では何とか持ちこたえたようですが、記者クラブに戻り、みんなが「飲み直そう」といった頃に、私は泡を吹いて倒れた（と聞いています）。普通なら救急車を呼ぶところです。しかし、記者クラブは大蔵省の五階にある国税庁に置かれていたから、当然、大蔵省の前に救急車が停まる。そうなったら大騒ぎになるのは確実です。

「どうしようか」と迷っていたところに、私の同期の男性記者の電話番号を知っていたテレビ朝日の女性記者が、「彼はきっと夜回りをしていて、ハイヤーで近くにいる」と推測して電話したところ、その子が迎えに来てくれた。私は毛布でグルグルにまかれ、実家に届けられました。

目を覚ますと、両親が枕元で悲しそうな顔をしていた。さらに二日くらい気持ちが悪かった。「日本酒は二度と飲まない」と心に誓いました。

ところが、その後、「日本酒が一番です」となったのだから人生はわかりません。今は「適量」しか飲みませんが、全盛期は日本酒を一升は飲んでいました。

注1 仕切り　捜査一課、捜査二課などの各担当チームのリーダー役のこと。

「セクハラはされていません」

国税庁記者クラブには十一カ月しかいなかったので、長者番付（注1）と査察（注2）の発表の時くらいでしたが、実務を担当する東京国税局にも足を運びました。

長者番付に載った有名人を六人ぐらいずつ各社が分担して調査し、みんなで共有するという不思議な慣習が国税庁記者クラブにはありました。私がいた時は講談社の野間佐和子社長が長者番付に登場し、テレビ朝日の女性記者が野間さんの担当になって「野間社長によりますと」と発表したのですが、実は彼女、野間さんの娘でした。どんなふうにコメントを取ったのか、想像すると面白かったです。

国税庁記者クラブで、他社が驚いた唯一の独自ネタがあります。それはオウム関連でした。国税庁はオウム真理教の資金源となっているパソコンショップなどの関連施設の査察をやろうとしていたけれど、結局、査察はできずに一斉税務調査になった。その「一斉税務調査がいつ入るか」を各社が狙っていて、日本テレビが一番でそれを報じたのです。

その時に「国税庁は面白い」と思ったのは、東京国税局の広報か、国税庁の広報かは忘れたけれど、「あれは下川さんが古巣の警視庁からネタを取ったらしいです」と言って回ったことです。本当は国税庁から取ったので違います。しかし、いちいち否定することもない思って放っておきました。要は「うちから漏れたのではない」という、他社に対する国税庁のエクスキューズなのですが、「警視庁警備部から電話があってわかったらしい」と、ディテールが細かかったのには笑いました。確かに、オウム関連の施設は、警視庁が警備警戒していたので、情報が漏れる可能性がないわけではありません。そこを勝手に大きくしてエクスキューズに使ったわけです。

当時の国税庁は、私は空気が合わなかったように感じます。もちろん今でも付き合わせていただいている、素敵な方もたくさんいらっしゃいますが、当時、国税庁は大蔵省のキャリア（省キャリ）と、国税庁のキャリア（庁キャリ）、ノンキャリアが複雑な絡まり方をして、勢力争いをしていた。その中で記者も駒の一つにされることがありました。

もう時効の話ですが、当時、国税庁のA幹部が権力を持っていましたが、彼がうとましく思っていたB幹部を追い落とすために、私も利用されかけたことがあります。「下川さん、A幹部の所に行ってください」とA幹部の部下から電話がありました。A幹部は大蔵省のキャリアでした。用件がわからないまま、その人を訪ねると、B幹部の名前を挙げて、「あの人にセクハラされましたよね」と唐突に言い出した。「されていません」と否定すると、「あなたがセクハラされたという話がある。許せないなら、協力します」と何度もしつこく繰り返す。「みんなで飲みに行ったりはしましたが、セクハラはされていませんから」。私は怒って部屋を出ました。

大勢で飲みに行った時、二人で何かしゃべっていたというレベルの話が耳に入り、

「これは利用できる」と閃《ひらめ》いて、手下に電話をかけさせたのでしょうか。「私を利用しようとした」と、本当に嫌な気分になりました。

そういう経験もあって、国税庁記者クラブにいた時の印象は暗い。だから、十一カ月で異動になってよかったというのが実感です。

注1　長者番付　政府が高額納税者を公示する名簿からつくられるが、高額納税者公示制度は二〇〇六年に廃止された。

注2　査察　国税犯則取締法に基づいて行うもので、主として悪質な脱税を摘発するのが目的である。税務調査は任意であるのに対して、査察は強制力を持ち、捜索、差押などができる。

今考えると、あれは詐欺紛いの情報収集活動だった

国税庁記者クラブの次は社会部の遊軍に属し、シドニー・オリンピックの取材に行ったりしました。

今は「機動班」という言い方をするのですが、当時は「遊軍」です。主に社内の社会部にいて、シフトで動きます。常時、何人いたかはわかりませんが、今より少なくて、たぶん全体で二十人ぐらいだったはずです。

外で取材した記者の原稿を放送にのせる「受け」が、遊軍記者の仕事の半分ぐらいを占めます。もちろん取材にも行きますが、対象は事件や事故より、何らかの社会的なテーマがあるものにウエイトが置かれます。例えば、性同一性障害で初めての性転換手術を中継したことがありました。そういうものを含めて遊軍は何でもやります。

珍しい花が咲いた、とか、季節の恒例行事の取材、それに人手が必要な取材をチームを組んでしたり、企画を作ったりするのも遊軍の仕事です。逮捕・収監されたオウム真理教の上祐史浩が一九九九年十二月二十九日に広島刑務所から出てきたのですが、「上祐の出所をいかに撮り、報じるか」はその年の年末のメインイベントみたいな感じで、チームができました。

上祐が広島刑務所にいるとわかった時、広島刑務所に関する情報を得ようと私は考えました。出所の半年ぐらい前のことです。

夕方のニュースで特集を担当するプロデューサーの仲間に、昔、刑務所特集をつくったことのある制作プロダクションの社長がいて、それ以来、広島刑務所の当時の幹部の一人と仲がいいという話を聞きました。この線をたどって広島刑務所の幹部に会い、情報を取ることにしたのですが、社会部記者の立場で行くとガードが固くなるのは必至です。そこで「旅番組をつくる」という名目でお目にかかることにしました。今だったらコンプライアンス的にアウトかもしれませんが、当時はその辺が緩い時代でした。

制作プロダクションの社長と二人で広島に乗り込み、夜、広島刑務所幹部との宴席を設けました。「広島の名産は何ですか」等々旅番組らしいことを、いろいろと聞きました。刑務所のことにも話をふり「有名な人は入っているんですか」と聞くと、「今はオウムの上祐が一番有名だね」などと言う。刑務所見学を要望したら、翌日、実現し、刑務所内での上祐の様子も教えてもらいました。差し入れられた経済の本や「ハルマゲドン」『世紀末』といった終末思想の本を刑務所の中で熱心に読んでいるという話は、当日、上祐が出てくるまでのリポートや、ＶＴＲの下地として役立ったし、髪は五分刈りよりちょっと長い程度といった風貌が事前にわかっていたので、カメラマンががんばってうまく撮ってくれました。

広島刑務所の幹部と仲良くなって東京に帰った私は、しばらく経ってから「急に社会部に異動になりました」と手紙を送りました。今考えると、詐欺《さぎ》ですね。でも、あの幹部の方は最初から全てお見通しだったのだろうな、とも思っています。

ビデオが撮れてなくて死にたい気持ちになった

この時にラッキーだったのは、広島空港から羽田空港まで帰る飛行機で、偶然、席が上祐の隣の隣の隣だったことです。スーパーシートで飛行機に乗るという情報は事前につかんでいたので、「箱乗り」取材のためチケットは取っていましたが、かなり満席の機で、他社は同じ機に乗ることすらできないところも多かった。

最初はそんなことがわかりませんでした。私のほうが先に乗っていて、スーパーシートの二階の一番後ろの窓側の席だったから、「動きにくいので、隣の人が来たら変わってもらおうか」などと考えていた。そこに上祐御一行が入ってきた。私の隣が上祐のボディーガード、通路をはさんで幹部信者がいて、その向こうが上祐です。

上祐が私を覚えていたかどうかはわからないけれど、ボディーガードの中に、かつて南青山総本部の張り番をした時によく話をした人がいて、「上祐さん、こいつ、日本テレビの記者」と言ってからガードが固くなりました。

「うちしか撮れない映像だ」と思い、一所懸命ビデオをまわしたのですが、隣のボディーガードが撮らせまいとして邪魔をする。それでも、防弾チョッキを着たり、お弁当を食べたり、隣の幹部と二人でコソコソ話をしたり、書類を手にして会見の打ち合わせをしたり、というシーンを撮れました。

着陸が近くなった時、意を決して「上祐さん」と声をかけ、接近を試みたら、すぐにボディガードに羽交い締めされて阻止されました。しかも、逆スイッチでビデオが撮れていなかった。後でそれがわかった時は死にたい気持ちになりました。ビデオが撮れていないから、最初は「上祐にアタックした」と誰にも言えなかった。今ならクビになるような失態です。

一応、上祐が防弾チョッキを着る映像もあり、情報もいろいろあったので（当時、書いたレポートをご参照下さい）、私は飛行機を降りてすぐに羽田空港から中継しました。その時に話した内容が、さも自分たちが見てきたかのように翌日のスポーツ紙に書いてあったのには苦笑させられました。

12月29日　機内での上祐幹部の様子

報道局社会部　下川

２階スーパーシートの左手一番後ろの窓側の席に座る。隣にA幹部。通路を挟んでその隣がボディーガード（私の隣。上祐もどきの服装の信者）。上祐の前が弁護士。その隣が逮捕前に上祐のボディーガード兼運転手をし、今回も運転手役の信者B。

上祐は席につくとすぐ、A幹部がA４の茶封筒から取り出した十枚程度のワープロ打ちの書類の束に目を通し始め、A幹部と話しつづける。

やや興奮しているのか、まったくと言っていいほど聞こえないA幹部の声に比べ、上祐の声は大きく、断片的にではあるが会話が聞こえてくる。

全体的に、上祐が熱弁を振るい、それにA幹部が「はい」「はい」と答えていることが多かったようだ。

会話で聞き取れた内容としては（必ずしも正確な文言ではないが）、「長老部に入れば入ったで世間に変わっていないと言われ、入らなければ裏で操っていると言われる。指導したいのは山々だが……」「(松本智津夫の?) 刑事責任は認めるとしても、教義は引き続き信奉する」「(書類を読みながらその内容に対し) だめだよ、こりゃ (私が聞こえた中ではこの声が一番大きかった)」「全面謝罪すればそりゃ楽なんだけど」

そして、松本智津夫のことを「尊師」と呼んでいるのが聞こえた。

私の隣の信者が、上祐の声が私に聞こえることを気にして、上祐に近寄り、こそこそとたしなめたため、しばらくはひそひそ話をしていたが、そのうちまた声が大きくなっていく。

機内で出されたお弁当には半分くらい手をつけていたようだ。

食べながらもA幹部と話しつづけていた。

着陸前体勢に入ったころ、スチュワーデスにリクライニングシートを元の位置に戻すように言われ、同時に脱いでいた黒い革靴を履く。ズボンの下から何かがぶら下がっているのが見え、よく見ると右足の紺色の靴下に白い小さな値札がついたままだった。

着陸寸前に、私の隣の信者が持っていた紙袋から白い防弾チョッキを取り出し、上祐に渡す。上祐は背広とネクタイ、ワイシャツを脱ぎ、薄めのキルティング生地のようなものでできた肌色の長袖下着のようなものの上に防弾チョッキを着、再び衣類を身につけた。また、グレーのキャップ帽も取り出した。ほかの信者たちの腹の部分も触ると硬い感触があったのでみんな防弾チョッキを着ていた模様。

問いかけには一切答えず、A幹部や教団の人間が「出所してすぐでまだお答えする状況にないので」などと言って、遮《さえぎ》ろうとする。そういう時の上祐はどうしていいかわからずおろおろとしているようにさえ見える。ほおがこけ、青白いと言う以上に、かつてのぎらぎらした一種のオーラのようなものは感じられずまったく生彩を欠いた様子に見えた。

ただ、A幹部らに対してはあくまで強い口調。

シドニー・オリンピックと吉野家の牛丼

遊軍時代は二〇〇〇年に開催されたシドニー・オリンピックの取材もしました。これは個人的な事情もあって、私の中で一番辛かった経験の一つです。

まず、行きの飛行機で風邪を引き、シドニーに着いたら三十八度の熱が出た。そういう状態に女性記者の先輩がきつかったことが加わり、肉体的にも精神的にも辛かったのです。

でも、同い年の高橋尚子《なおこ》（注1）さんが女子マラソンで金メダルを取ったことはうれしかった。私は小出義雄《こいでよしお》監督（注2）番をやっていたのですが、沿道で小出監督と一緒に待っていると、すごくお酒臭いんです（笑）。正直、「この監督で大丈夫かな」と思っていたら、高橋さんが走ってきた。「Qちゃん」と小出監督は呼んで併走し始めたのですが、これがめちゃくちゃ速くて、番記者は誰もついて行かれなかった。「やっぱり監督だ」と驚きました。当たり前なんですけどね（笑）。

高橋尚子さんが帰国する時、空港でインタビューしました。Qちゃんはきゃしゃに見えたけれど、身長が一六五センチぐらいと意外に大きくて骨太でした。

オリンピック期間中は自分たちで中継することもあったし、オンエア・ディレクターのように「キュー」を出す仕事もやらせてもらいました。今はそれぞれにプロがいる時代だから、そんなことは無理でしょう。

私はそれまで、ほとんど事件取材しかやったことがないといっても過言ではありま

辛かったシドニーオリンピック

せん。少なくとも報道局の人としか仕事をしていなかった。オリンピックの取材で初めて、スポーツ局の人やタレントさんと仕事をしました。カルチャーが違っていて、「テレビ局っぽい」と感じました。

　日本テレビは明石家さんまさんをMCに立て、現地でオリンピック特番を制作したのですが、さんまさんや松岡修造さん、バレーボールの益子直美《ますこなおみ》さんのアテンドもしました。IBCというメディアセンターは機材がたくさんあるから冷房がきいていて寒く、風邪を引いた身には過酷でした。そんな時に、さんまさんがタッパーに入れた吉野家の牛丼を一人一個、全員に配ってくれた。それが温かくて、涙が出るほどおいしかったことを、今でもはっきり覚えています。
柔道で優勝した井上康生《こうせい》（注3）さんが表彰台で、前年に亡くなったお母さまの遺影を出してかざし、インタビューでは「もう一人のお母さんにも捧げたい」ということを言った。その人が誰かを、スポーツ局の人は誰も知らず、私が割り出す作業をしました。そういう意味では、社会部記者として意地は見せたつもりですが、オリンピック取材全体として私は足手まといだったなあ、と今でも申し訳なく思います。

注1　高橋尚子　一九七二年〜。二〇〇〇年の名古屋国際女子マラソンに優勝してシドニー・オリンピックの代表選手に選ばれ、オリンピック最高記録で優勝、日本の女子陸上選手として初めての金メダルを手にした。「Qちゃん」の愛称で呼ばれることが少なくない。

注2　小出義雄《よしお》　一九三九年〜。順天堂大学時代は箱根駅伝に出場し、卒業後は教師となって千葉県の高校で教鞭を執る。その後、社会人の陸上部の監督を歴任し、有森裕子、高橋尚子などの金メダリストを育成した。酒好きで知られる。

注3　井上康生　一九七八年〜。二〇〇〇年のシドニー・オリンピック一〇〇キロ級で優勝し、表彰台に上がった時、亡くなった母の遺影を掲げて感動を呼んだ。二〇〇一年から全日本選手権で三連覇

するが、二〇〇四年のアテネ・オリンピックではメダルに届かなかった。監督として臨んだ二〇一六年のリオデジャネイロ・オリンピックで、日本選手は全階級でメダルを獲得した。

マイプラン研修制度で入社五年目にリフレッシュ

日本テレビにマイプラン研修という制度がありました。国内外を問わず、会社を休んで勉強していいというものです。

入社して五年ぐらい経ち、私はちょっと息切れしはじめていました。「会社を辞めようか。でも、会社を辞めたら食べていけないし、どうしようか」と考えたりもした。そんな時、報道フロアを出た廊下の壁に「人事局からのお知らせ　マイプラン研修募集」という告知が貼ってあり、「これだ」と思いました。

とりたてて「学びたいもの」がなかったので、「何か探そう」として知人に相談したら、「グロービス・マネジメント・スクール（注1）は麹町だから、すぐに願書をもらえるよ」というアドバイスを受けた。今、日本テレビは汐留《しおどめ》に本社を置いていますが、当時は麹町でした。

ＭＢＡには何の興味もなかったけれど、「そうだ、それだ」と、私はそのアドバイスに飛びついた。マイプラン研修の締切が翌日だったから、急いで願書をもらってきて、人事局の応募要項に記入すると、社会部長の所へ持っていきました。

「これにハンコを押してください」

「何だ、これは」

「いいから、いいから。締切が明日なので」

部長は「どうせ、人事が落とすだろう」と考えたようで、あまりしつこく詮索《せんさく》せずに判子《はんこ》を押してくれました。あにはからんや、人事局は私の応募を採用したのです。

この手の制度に応募してくる人は、「海外の大学に留学したい」などとお金がかかるケースが多いのに、私は安上がりで、人事的には「これ、面白いね」という感じだったようです。あれよあれよという間に、「半年間丸々休んでＯＫ」という通知が届きました。

これに報道局があわてた。「忙しいのに、半年間も記者一人遊ばせておくわけにはいかない」ということで、人事局と話し合いが持たれ、「半年のうちで最初の三カ月は丸々休んでいい。後半の三カ月は、週の半分は会社に来て働き、あとの半分は休んでいい」ということで折り合いがつきました。

マイプラン研修の間、グロービス・マネジメント・スクールに行ってロジカルシンキングなど、四つぐらいの講義を取りました。それらは考え方として参考になったけれど、自由な時間を持ったことのほうが大きかったと感じます。それから、今まで会ったことのないビジネスマンが多く、マスコミではない業界の少し年上の人たちが何を求めてきているかがわかって面白かったし、自分の中で幅が広がったような気がしました。

注1　グロービス・マネジメント・スクール　現グロービス経営大学院大学。東京都千代田区二番町に本部を置く私立大学で、二〇〇六年に設立。創立時は株式会社が運営する形だったが、二〇〇八年に学校法人による運営に変わった。

警察庁のエリート課長を怒鳴りつける

マイプラン研修制度でリフレッシュして会社に戻ると、警察庁（注1）担当になりました。一年半ぐらいでしたが、曽我《そが》ひとみさんら北朝鮮による拉致《らち》被害者の人たちが帰国して来る時期だったので、拉致被害者の新たな認定など、警察庁クレジットで出稿するニュースが多かったように思います。

警察庁担当は「キャリア官僚との付き合い」がメインの仕事であり、事件に追われないので比較的暇だと思われるようですが、そうでもありません。

例えば、人の少ない地方局のエリアで大きな事件が起こると、日本テレビが出張《でば》って扱うケースが出てきます。その時に警察庁でも情報を取り、いろいろアドバイスする。こういうことがあると、警視庁ほどではないけれど、忙しくなります。

民放のテレビ局は新聞やＮＨＫと違って「地方勤務」は原則ありません。各地の地方局は、例えば日本テレビだとＮＮＮという系列を作ってはいますが、別会社です。日本テレビと各地方局との関係は決して主従関係ではなく、なかなかデリケートなところもあります。地方の大きな事件でどこかの社がスクープすると、系列局からは「どうも警察庁からあの社がとったようですが」などと言われ、情報収集に追い込まれることも少なくありません。そんなはずないと思いながら……。

それから、どこかの県で身代金《みのしろきん》目的誘拐《ゆうかい》などの事件が発生して報道協定（注2）が結ばれると、必ず現地の警察と同時に警察庁でも記者会見をします。私が警察庁担当に着任したその日に報道協定があり、一年半ぐらいの間に、四、五件、報道協定の記者会見が行われました。

警察庁担当で個人的に印象深いのは、通信傍受《ぼうじゅ》法（注3）が初めて適用された事件です。第一号は各社がスクープを狙うので、大騒ぎでした。そんな中で、「警視庁が捜査している覚醒剤の組織的犯罪がそうだ」と、日本テレビの記者が聞いてきた。これは警視庁案件だけれど、国会で報告する場合は警察庁が絡みます。そこで警察庁の担当部署の幹部らに取材してみました。

基本的に通信傍受法は「やったとも、やっていないとも言えない」というのが「公式見解」です。最初はガードが固く、「でも、やっていますよね。刑事局長にも聞いていますす」というようなことを言って押しました。最終的に担当課長がやっていることを認め、「報じていいタイミングまで待ってください」と言われて待つことにしました。捜査妨害をするつもりはありませんから。

当初、「どこの社もあてるてきてません」と聞かされていたのですが、土曜日に「急に読売新聞が夕刊で書くと連絡がありました」と、担当課長から電話がかかってきた。私は顔が真っ青になりました。

「いろいろ言いたいこともあるでしょうが、こちらも今、国会への報告を含め、対応が大変なのですみません」

気持ちはわかるから了解して電話を切りました。

夕方のニュースでは、知っているだけの情報を盛り込みました。公式見解は「やったともやっていないとも言えない」だけれど、警察庁の上層部からは「適正な通信傍受だった」という言質《げんち》はとっていましたから、それを「警察庁は適切な適用だったとしています」という文章にして締めくくりました。

その日はたまたま、箱根で社会部全体の宴会が予定されていました。それまでやったことのない大宴会です。新聞などでは当時（今ではあまりやっていないようですが）「全舷《ぜんげん》」といってほとんどの仕事をやめて部をあげて行う大宴会をやっていたので、それを真似しようというものでした。そのため、社会部の記者はみんな箱根に行っていて、私や関係する後輩記者も遅れて箱根に向かいました。

「さんざんだったね」

「でも、私たちがつかんだことは何とかわかってもらえたと思うから、いいか」

「とりあえずパーッとやろう」

というような話をして、やけ酒を飲むような宴会になりました。

週が明けた月曜日、担当課長の所に「お互いひどい目に遭いましたね」と傷のなめ合いでもしようかと思い、電話することにしました。

警察庁の記者クラブは内線電話が二カ所にあり、内線がかけられるのはそこだけです。みんながよくかける決まった場所から、内線で担当課長の所に電話しました。大部屋なので、話は他の記者にも聞こえます。だから、最初に「お部屋に行っていいですか」と尋ねると、いきなり、すごい剣幕で怒られた。

「何で、あんな報道したんですか」

何が問題なのかわからないので「ハア？」と応じると、「私は適切な対応だったなんて言っていないし、やったともやっていないとも言えないというのが公式見解なんです」。

　こらちとしては、いろいろ言いたいことがあるのを我慢して、大人の対応で傷をなめ合おうと思って電話をしているだけに、「何だ、こいつ」と憤《いきどお》りがわき上がってきた。この数日間の色んな思いがこらえ切れなくなり、「こちらだって、どれだけ、悔しい思いでやっていると思っているんですか」と私は大声で言い返し、泣きながら叫びました。

「会社ではお前のせいでスクープが潰れたぐらいのこと言われているんですよ。でも、私は課長のことを責めなかったじゃないですか。今だって、課長も大変だったと思うから、傷をなめ合おうと思って電話したのに、何なんですか。あなたが言ったなんて、ひと言も書いていないじゃないですか。私たちは、あなた以外に取材していないわけじゃないんです」

　私が逆ギレして怒鳴りつけたら、「何だ、何だ」という感じで、みんなが寄ってきました。記者クラブの奥の部屋にいる広報の課長補佐がすっ飛んできて、「大丈夫ですか」と声をかけられました。電話の向こうの相手も、反省したのかはわからないけれど、とにかくあまりの逆ギレに面食らったのでしょう。「あのー。今からでよろしければ、部屋に来ていただいてもいいですか」と言う。

この課長は東大法学部を優秀な成績で卒業、高校時代から文武両道で活躍し、法制局に出向したこともあるエリートで、身内の官僚の中で「あの人はすごい」と一目置かれていました。確かに頭がすばらしくいいし、キチンとした方でした。ただ、記者とやりとりをした経験はあまりなかったのでしょう。官僚だってコミュニケーション力と度胸が大事です。結局、当局と記者とのやりとりは「相手の気持ちもわかりつつ」というところがないと、うまくいかないのだと思います。

振り返ると、あんなに人を怒鳴りつけたことはないというほど、怒鳴りつけてしまいました。この方はその後、様々なポストで活躍され、すでに警察庁を辞められていますす。何度かお会いした際に、「あの時は失礼しました」とおっしゃって下さいましたが、たぶん私のことを恨みに思っていることでしょう。

注1　警察庁　国家公安委員会に設置された機関で、警察行政を管轄した内務省警保局につらなり、「警察の頂点」に位置する。都道府県の警察を指導する権限を持ち、本部長などの主要幹部の人事は警察庁が実質的に決めている。

注2　報道協定　マスメディアが人命尊重や人権侵害防止などの観点から、取材や報道を自主的に制限する協定である。主に人質が発生した場合に使われる。一九六〇年に東京で起こった雅樹《まさき》ちゃん誘拐殺人事件で激しい報道合戦が繰り広げられ、逮捕された犯人が「報道によって精神的に追い詰められたので殺害した」と語ったことがきっかけとなって、一九六三年の吉展《よしのぶ》ちゃん誘拐殺人事件で初めて結ばれた。

注3　通信傍受法　犯罪捜査のための通信傍受に関する法律の略称。通信の傍受は、薬物関連犯罪、銃器関連犯罪、集団密航、組織的に行われた殺人といった組織犯罪に限定される。二〇〇二年一月、覚せい剤取締法違反事件が初めての事例といわれる。

第二章

再び警視庁クラブへ

二〇〇三～二〇〇六

國松警察庁長官狙撃事件と「スプリング8」

二〇〇三年に警察庁記者クラブから警視庁クラブに移りました。どんどん政治部記者から離れていくのですが、再び捜査一課担当（一課担）の仕切りになり、サブキャップも務めました。ところが、途中で國松警察庁長官狙撃事件（注1）の捜査が動いていることがわかると、にわかに公安担当も兼務することになりました。

國松孝次警察庁長官が自宅前で何者かに狙撃され、重傷を負ったのは一九九五年三月のことでした。オウム真理教への強制捜査が行われる中で、全国警察のトップが撃たれたのだから、犯人はオウムにいるのではないかと疑われたけれど、この事件は未解決のまま現在に至っています。

記者は大きな事件に関して、「あれから一年」というような特集を「必ずやらないといけない」と意識します。これは新聞もテレビも同じです。國松警察庁長官狙撃事件も大きな未解決事件だけに、「事件発生から九年目を迎える二〇〇四年の三月末には何かやらないとね」と話している頃、「私が國松長官を撃った」と語る中村泰《ひろし》という老人に出くわしました。

そもそものきっかけは「八王子のスーパーナンペイで起こった射殺事件（注２）の犯人ではないかと、刑事部が中村を追っている」という情報をつかんだことです。スーパーナンペイ事件も重大未解決事件です。本当に中村が犯人で捕まるのであれば、それを報じられれば大スクープです。愛知で強盗をやって捕まった中村が裁判に出廷する時に「まず顔を狙おう」と考え、動く映像を撮りに行きました。その後も中村関連の取材を続けたところ、本人はナンペイではなく、國松長官事件への関与を認めているということがわかりました。そして拘留《こうりゅう》先の拘置所《こうちしょ》で接見すると「私が國松長官を撃った」と彼が話したのです。

中村が大阪刑務所に移った後も何回か接見し、手紙も何通かもらいました。彼が言っていることは信じられる部分もある。彼が警察庁に忍び込んで住所録を盗んだという話では当時の古い庁舎内の間取りが詳しく語られ、ディテールをよく知っていた。だから、「あながち嘘ではないのではないか」と思わせる話がたくさんあり、そちらの線で企画を立てようと考えました。

でも、まったくの的外れだったら嫌なので、國松警察庁長官狙撃事件を捜査している公安部の関係者の所に、「中村泰のことを、どう思われますか」と軽い気持ちで聞きに行った。すると、「中村？」と顔を曇らせ、「下川さん、何を言っているんですか」とおっしゃった。そして、「今、公安部はすごいことをやっている」ということをにおわせたのですが、それ以上のことは教えてくれない。その方と何回か会い、他の関係者にもあたってるうちに、「スプリング8《エイト》」がキーワードだという話を聞きました。

スプリング8とは兵庫県にある微物鑑定の施設のことです。スプリング8が最初に有名になったのは和歌山のカレー事件（注3）でヒ素を鑑定した時でした。微物の成分鑑定を行う優れた施設は神戸と筑波ぐらいしかなく、スプリング8のほうがすごいといわれています。

「スプリング8」「微物鑑定」という言葉から考えられるのは、「拳銃を撃った後の残渣《ざんさ》物《ぶつ》か何かを調べているのではないか」ということです。半分想像も含めて取材が始まり、わかった話をジグソーパズルでパーツをあてはめるように組み合わせていきました。

注1　國松警察庁長官狙撃事件　一九九五年三月に國松孝次警察庁長官が自宅前で何者かに狙撃され

た事件である。國松長官は重傷を負ったが、一命を取り留めた。八日前にオウム真理教への強制捜査が行われたことからオウム犯行説が挙げられ、その他に強盗殺人未遂犯説なども出たが、二〇一〇年に時効を迎え、犯人はわからないままである。

注2　八王子のスーパーナンペイ射殺事件　一九九五年七月、東京都八王子市のスーパーナンペイ大和田店で、閉店後に三人の女性従業員（一人はパート、二人は高校生のアルバイト）が射殺された事件である。強盗説と怨恨《えんこん》説があり、犯人に関して、元自衛官、強盗未遂事件で逮捕された七十代の男、密入国した中国人強盗グループの一人などの報道があったが、犯人はいまだ逮捕されていない。

注3　和歌山毒物カレー事件　一九九八年七月、和歌山県和歌山市園部地区で催《もよお》された夏祭りで、カレーを食べた六十名以上が病院に搬送され、四人が死亡した事件である。嘔吐《おうと》物の分析で亜ヒ酸が検出され、主婦の林眞須美《ますみ》が逮捕された。二〇〇九年に最高裁で死刑判決が下されたが、林被告は再審を請求し、状況証拠の積み重ねで有罪となっただけに、冤罪《えんざい》を指摘する声も出ている。

日本テレビが大嫌いな公安部長

ほぼ全容が見えたのは三月になってからです。オウムと関係があったKという元巡査長（注1）のコートを「スプリング8」で分析したことなどがわかりました。三月末が九年なので、その前にやらなければならない。そこで警視庁に「やります」と一応通告しておこうと、公安部のナンバーツーである参事官（注2）を訪ねました。

公安部の参事官はキャリアとノンキャリアと二人いて、國松警察庁長官狙撃事件の捜査を担当したのはキャリアのほうの参事官でした。この人の所へ夜回りに行き、「元巡査長が着ていたコートに微物の残渣物がついていて、これをスプリング8で鑑定をかけていますよね。それが國松長官を撃った銃と一致する微物だという結果が出た。Kと共犯者を含めて捜査していますね。この件を報道したいと思っています」と話しました。

拳銃を撃った時に発生した微物がコートに付着していれば、重要な証拠になります。ドラマや小説などで「硝煙《しょうえん》反応を調べる」という場面がありますが、硝煙反応は煙だけを調べているので、「この拳銃で撃った」ことを特定できません。それに比べて、微物はもっと細かいところまで判別できるのです。

参事官は青ざめて「いつ、やろうとしているのですか」と聞いてきました。「九年に合わせて、当日か前日にやろうと思っています」と答えると、「下川さんたちが取材しているのはわかりました。これは今、動くか動かないかの瀬戸際で、私たちは本当に逮捕しようとしている。放送されたら、全部潰れてしまいます」と言われました。

実のところ、私たちは「新たな証拠になり得るものは出たけれど、どうせ立件はできないだろうから、これを表に出すことで、捜査が少し進んだというふうになればいい」ぐらいに思っていました。だから正直、「え？　本当に立件しようとしているんだ」と驚きました。

さらに参事官から「下川さんもそれだけ取材して、大きな話でもあるから、ここで決断できないのはわかります。私も上司に相談するので、下川さんも、明日、公安部長室で上司と一緒に話し合いませんか」と言われ、「そうか、大ごとなんだな」と実感しました。

夜回りを終えて、キャップに連絡しました。「立件しようとしているらしいです。今、放送されると困ると言われました。明日、一緒に公安部長室に行ってもらっていいですか」と言うと、キャップも「エッ！」と驚いていました。

翌日、公安部長室で、私とキャップ、公安部長と参事官の四人で話し合いを持ちました。公安部長は当時、「日本テレビが大嫌い」と公言してはばからない方でしたが、この時ばかりは真摯《しんし》に向き合ってくれました。

「本当に困るんです。時機をみてやってもいいから、待ってください」

「これだけのネタを待つことの大変さったらないんです。今なら大スクープだけれど、どこかに書かれたら終わりです。待っていて他社が書かないという保証もない。しかも、公安部には何度も裏切られてきたし」

「報道協定並みとは言わないけれども、待ってくれたら、こちらの進捗《しんちょく》状況も、全部ではないにしても共有する。どこかの社が書くと言ってきたら、もちろん連絡します。とにかく今は大事な時期だから、邪魔しないで欲しい」

「逐次《ちくじ》でないにせよ、日本テレビと情報共有することを約束してもらえるんですね。それは警視総監（注3）もわかってくれているんですよね」

「そうです」

私が「では、この場で警視総監に電話してみます」と言うと、公安部長自身が電話をかけて、「今、日本テレビのキャップとサブキャップが来ていて、昨日、話した件で待ってもらう約束ができそうです。ただ、待つに当たっては、こちらもでき得る限りの協力はすると約束しますが、いいですね」と話しました。嘘電話だと嫌だから、私は「ちょっと替わってください」といって、受話器を受け取り、相手が本当に警視総監であることを確認しました。

注1　警視庁の元巡査長　國松警察庁長官狙撃事件に関して、一九九六年五月にオウム真理教の信者だった警視庁の巡査長が犯行の状況や、銃を川に捨てたことを供述したが、銃を発見できず、供述に矛盾点が多いとして立件が見送られた。巡査長はオウム側への情報漏洩《ろうえい》で懲戒免職《ちょうかいめんしょく》になった。

注2　警視庁の参事官　副部長の役割と見られ、指揮官としての役割も担う。階級は警視長か警視正だが、警視正のポストである主要課長や大規模署長よりも上である。

注3　警視総監　日本の警察官の階級で最高位（警察庁長官は警察の階級外）であると同時に東京都の警察である警視庁のトップの職名である。ちなみに、道府県警のトップは「本部長」、階級は警視監か警視長なので警視総監より一つ下である。

なぜ、スクープをすぐに書かなかったのか

公安部長とのやり取りで待つことになったのですが、事件そのものはかなかな動きませんでした。東京地検がなかなかゴーサインを出さない。「起訴できるかどうかわからない中で、元巡査長と信者四人を逮捕するのはいかがなものか」と、地検の現場の反発があったからです。

しかし、「この事件は動かないのだったら、例え起訴できなくても動かさなければいけないのではないか」と、私は考えていました。別に公安部の回し者ではないし、スクープをしたい気持ちはもちろんあるのだけれど、「とにかく解明するためにあらゆる手をつくすことが必要な事件ではないか」という思いのほうが強かったのです。だから、警察庁長官の所に、「これはやるべきです」と言いに行ったりもしました。

ようやく七月に着手になるという段階に入りました。その頃、突然、「公安部がオウム信者を逮捕しようとしている」と某新聞社に匿名の電話があった。その電話の主は、逮捕の日時や留置先も挙げていたそうです。

その社の記者が公安部長に探りを入れ、公安部長はしらばっくれたらしいのですが、留置先まで漏れていることを知り、あわてた。「本当は明後日、着手の予定だが、明日に変えます」と私に連絡がありました。「絶対、あそこは書きますよ」と私が言うと、「止めたから大丈夫だ。今書いたら逃げられてしまうから書かないと約束してくれた」と公安部長は楽観していましたが、私は某社が書くと確信していたので迷いました。逃げられたら待った意味がないし、捜査妨害になるから仕方ないと決めて、「うちはやらないけれど、この時にどんな思いでやらなかったか、わかってくださいよ」と、涙目になりながら話しました。

案の定、夜中に「某社が朝刊に書いた」と電話がかかってきた。「上司を止められませんでしたと、担当から電話がありました。書いてしまったらしいので、どうぞ、速報を打ってください」

日本テレビは夜中の一時半過ぎに「國松長官狙撃事件で、オウム元信者ら逮捕へ」とニュース速報を流し、しばらくして緊急特番という感じで五分間ぐらいの挿入ニュースを放送しました。まだ家庭に朝刊が届いていないから、日本テレビが最初に報じたことになります。

日本テレビが最初に報じたスクープ

警視庁クラブの記者たちはみんな仰天しました。裏切って書いてしまった某新聞社の朝刊は、見出しは大きいものの中身はほとんどなく、事件の振り返り記事ばかりでした。私たちはスプリング８でのリポートなど含め、事前取材をしていたので、その差は誰が見ても歴然でした。ほとんどの社が何も知らなかっただけに、それ以降の数日間はああだこうだと様々な記事が乱れ撃ち状態になって、絶対に起訴できないようなオウムの信者の実名を出すところもありました。しかし、私たちは、起訴できないかもしれないことを前提に、わかっていることを伝える報道に終始しました。一カ月後ぐらいに、雑誌に載った魚住昭《うおずみあきら》（注1）さんの検証記事で「日本テレビは素晴らしかった」というようなことを書かれているのを読み、「わかってくれる人にはわかったのだ」とうれしかったことを覚えています。

他社からはさんざん「なぜ、すぐ書かなかったのか。書いていたら間違いなく新聞協会賞を取れたのに」と言われました。あの時に書いたら大スクープになったかもしれないけれど、捜査妨害になった。それは「国民の知る権利」を妨げることにもなり、記者のやることではないのではないか。そういう誇りみたいなものから書かなかったようにも思います。

また、そこで信頼のようなものが得られ、公安部の人や警視庁・警察庁の幹部たちから今までとは違った目で見られていると感じることもありました。また、記者としてのプライドと自信がそこで培《つちか》われた気もします。新聞協会賞はもらえなかったけれど、最高の自己満足感を味わうことができました。

私が見るところでは、当時の公安部は「役者」が揃っていました。部長自身も事件発生当時、公安部にいた。とにかく、解決への思いも腹のすわり方も強硬な人達が多くいて着手になったものの、結局、逮捕された元巡査長は証拠不十分で釈放され、今は普通に暮らしているようです。他の信者も起訴できずに終わりました。

國松警察庁長官狙撃事件に関して聞かれると、「犯人が誰かはわかりません」と私は答えます。当時の社会情勢からみれば、オウムの中にいると考えるのが自然でしょう。ただ、この事件に限って、奇妙な部分があります。必ずと言っていいほど、オウム事件ではボロを出すような話をする人があらわれるのに、この事件に関しては誰一人として認めていないことです。死刑囚の早川紀代秀《きよひで》（注2）は自分が関与した事件もそうでないものもいろいろ話していますが、この事件に関しては全然知らないというようなことしか言わない。案外、中村泰のようにオウムと関係ないところに犯人がいるのかも知れません。

なお、警視庁の公安部長が時効直前に会見を開き、「犯人を逮捕できなかったけれど、オウムがやった」と話し、オウム側に訴えられて負けました。法的機関が超法規的なことを言ってどうするのでしょう。本当に馬鹿な話です。私が警視庁クラブに在籍していたら、何としても止めさせるように尽力したのに、とついつい今でも思ってしまいます。

注1　魚住昭　一九五一年～。一橋大学法学部卒業後、共同通信社に入り、一九九六年にフリーとなる。『沈黙のファイル―「瀬島龍三」とは何だったのか―』で日本推理作家協会賞受賞。
注2　早川紀代秀　一九四九年～。オウム真理教幹部で、裏のトップといわれた。二〇〇七年に死刑が確定している。

テレビはどうしても映像と音で勝負したい

二〇〇五年、結婚すると同時に異動になりました。今度はニュース編集部で、夕方のニュースのディレクターの仕事をやりました。

最近の報道局の方針として、記者をやったら次に番組をやらせ、「どういう情報を取ればテレビの番組として生かせるか」を番組サイドから勉強させます。記者だけやっていると、当局のことや、自分の関心にばかり目が向いて、視聴者がいらない情報にこだわったりする。それは記者として仕方ない部分でもあるけれど、番組サイドからすれば、偏った見方です。そのあたりのバランス感覚を重視し、両方を経験させせるようです。私は十一カ月でクビになったので、あまり大きな顔はできませんが一応、番組サイドを経験しました。

基本的な仕事は五分程度のニュースのＶＴＲをつくることです。画に合わせて原稿を書き、編集します。記者から上がってきた原稿を整理することもあれば、記者は取材だけで、情報を聞いて私がまとめることもありました。

外で取材する日もありますが、ディレクターは基本的に中での仕事が多く、五階の報道フロアと四階の編集室を行ったり来たりしました。記者時代とは、だいぶ生活は変わりました。

初めての部署でしたが、いい経験になりました。番組としてどういうものを求めているかという視点からものごとを見る勉強になったからです。例えば、夕方のニュースの視聴者は主婦層が多いので、主婦にウケるもの、主婦が欲しい情報ということをイメージしながら取材する内容や構成を考えたりしました。

もっとも、テレビはどうしても映像が強いもの、音があるもので勝負したいという基本は変わりません。それが伝えやすいし、インパクトもある。したがって、画と音を最大限に生かした作りになるし、画と音を生かすための情報収集が大事になります。

だから、新聞と同じスクープの内容でも扱い方が違ったりします。テレビで画が伴わないスクープを大きく扱うことは難しいのです。最近では、イラストを使ったりＣＧで再現するなどして、画がないものをなんとかわかりやすく画面化する工夫もするようになりましたが。

ちなみに、事件は多かったけれど、政治も扱いました。小池百合子《ゆりこ》（注１）さんが「刺客」として東京十区に落下傘候補で来た時だったという記憶があります。

注1 小池百合子 一九五二年〜。兵庫県芦屋《あしや》市に生まれ、関西学院大学に進んだが、中退してエジプトへ留学。アラビア語通訳、ニュースキャスターを経て、一九九二年に日本新党から出馬し、参議院議員に当選。翌年、衆議院に転じ、新進党、自由党、保守党を経て自民党に入党。二〇〇五年の「郵政選挙」で東京十区から立候補して、郵政民営化に反対した小林興起《こうき》を破った。現在は東京都知事。

生放送で流れた「エッ？」「エッ？」

記者時代の失敗はありすぎて、何を話していいのかわからないくらいです。

一、二を争う大失敗は、モバイルパソコンが普及しはじめた頃にしでかしました。私が遊軍になっていた一九九九年のことです。

ライフスペースという自己啓発セミナーは信者に治療を受けさせず、何人もの方が亡くなりました。彼らが起こしたミイラ遺体事件（注1）が成田市で摘発され、「代表の高橋弘二《こうじ》が、今日の朝いちで逮捕される」というので成田警察署に行って、朝から取材しました。今は普通ですが、当時はよくわからない（私が、わからなかっただけかもしれません）モバイルパソコンを持っていき、取材メモを取り、原稿をつくって本社に送信した。十一時頃から始まった逮捕会見も聞きながら原稿を書き、これも本社に送りました。

昼のニュースは十一時半からのオンエアで、私が現地から中継することになりました。いつもは本社から中継車に原稿をファックスで送ってもらっていたのですが、そのやりとりに時間がかかるので、この時は画面を見て中継をやることにして、送ってもらわなかった。十一時半にオンエアに入り、「間もなくだ」と思ってパソコンを開いたら、「下川さん」と呼びかけられる直前に、画面が暗くなった

「あれ？」と思いながら普通に顔を出して、「はい、こちら成田警察署前です。逮捕された高橋容疑者は容疑を否認しているということです」と話してから、原稿を見ようとパソコンに目をやると、画面が真っ暗。どのキーを押しても真っ暗のままで、放送は私の「エッ？」「エッ？」という音声が続いた。お昼のニュースのキャスターもキャスターになったばかりで、何が起きたのかよくわからなかったのでしょう。お互い無音のまま、十五秒ぐらい経ってしまいました。放送事故寸前みたいな感じです。

パソコンの画面が真っ暗になったのは、バッテリー切れのためでした。朝から使い続けていたのに充電していなかった。そのことに気づくまで、十秒ぐらいかかりました。あわてて手帳に書いた会見の内容を見ながらしゃべり、中継を終えました。あまりの失敗にこのまま帰りたいと思いましたが、もちろん引き続き、現場で取材しなければなりません。会社に帰って「本当にすみませんでした」と謝りました。

私が、報道フロアの隅っこで「顛末書《てんまつしょ》」などを書いて大失敗の後処理をしていると、あまり話したことのない大先輩が近づいてきました。あ、怒られるのかな、と覚悟を決めるとその人は、「あんまり落ち込むな。あんなことくらいでお前が今まで頑張ってきた功績は汚されたりしないから」とびっくりするような言葉をかけてくれました。

張りつめていた気持ちがフッと緩んで、子供のように大号泣したのを覚えています。あの言葉にどんなに支えられたかわかりません。

この私の「事件」以来、しばらくは生放送でパソコンを使う中継が禁止になりました。悔しくもあり、恥ずかしくもあり、周囲からは腫れ物に触るような対応をされたし、かなり深い心の傷になりました。当時の私をあまり知らない人がしばらく後に「NG大賞」みたいな番組に使おうと言い出したそうですが、周囲が「洒落《しゃれ》にならない」と止めてくれたそうです（笑）。今ではすっかり笑い話にできるようになりましたが。

今は私のようなデジタルオンチの記者はいないけれど、パソコンを持ちながら生中継に出ている記者を見ると、今でも心臓の鼓動が速くなります。

注1　成田ミイラ化遺体事件　一九九九年十一月、千葉県成田市のホテルで発覚した事件である。ライフスペースという団体を主宰する高橋弘二は、頭を手で軽く叩くこと（「シャクティパット」と称した）で病気を治せると主張し、これを信じた人が高齢の家族を成田市のホテルに連れてきて、シャクティパットが施されたが、高齢者は死亡した。しかし、高橋はまだ生きていると言い、高齢者の家族もそれを受け入れた。その後、警察に通報があり、ホテルの部屋に入った成田署の警察官がミイラ化

した死体を発見した。

「その節はご迷惑をおかけしました」

もう一つは、本当にシャレにならない失敗です。

アフガンで紛争が盛んだった二〇〇一年、「アフガニスタンでタリバンに日本人ジャーナリストが拘束された」という情報が流れました。しかし、その日本人ジャーナリストが誰なのか、最初はわからなかった。調べているうちに、ある筋から飯田勇さんだと聞き、それなりに裏を取ったつもりで他社に先がけて速報しました。

その後に、当時の安倍晋三官房長官が囲み取材か何かに応じて、「一部で拘束された日本人は飯田さんだという話もあります」という記者の質問に「その報道は承知している。当該法人の安全確保に努力する」と答えた。安倍官房長官も認めたし、間違いないということで各メディアが追っかけて報じたのですが、その後「どうも、柳田《やなぎだ》大元《だいげん》さんという人らしい」という情報が独自のルートから入ってきた。この時も

「エッ？」でした。

「安倍さんが認めているし、大丈夫じゃないか」と言ってくれる人もいたけれど、再度確認したら、拘束されたのはやはり柳田さんでした。飯田さんもアフガンに行っていたけれど、普通に帰っていらっしゃった。

そこで、訂正放送アンド謝罪。翌日は始末書だけで済まなかった——という大誤報をやらかしたわけです。

官邸は「日テレＮＥＷＳ24」（注1）を見て、「そうらしいが確認中」と軽い感じで答えたようですが、あれは本当に生きた心地がしませんでした。

お二人とも生きてらっしゃったからよかったけれど、人命に関わることだけに、今なら「クビかな」という気がします。

余談になりますが、何年か経って私の同期記者から電話があり、「今、すごい人と飲んでいるよ。下川とはある意味で、縁の深い人だ」と言って電話を替わった。受話器から聞こえてきたのは「飯田です」。すぐに私が誤報した飯田さんだと察し受話器に向かって頭を下げました。

「その節はご家族はじめ、皆さんにご迷惑をおかけしました」と謝ると、飯田さんは笑っていました。

注1　日テレNEWS24　日本テレビのニュース専門チャンネル。NNN系列のテレビ局と海外支局からのニュースを二十四時間発信している。重大なニュースは生放送で伝え、注目すべき記者会見もノーカットで生放送する。

第三章

警視庁クラブで最初の女性キャップ

二〇〇六～二〇〇八

捜査二課長の電話に出なかったのには訳がある

　ニュース編集部でディレクターに配属されて十一カ月、急に社会部の現場に戻り、警視庁クラブのキャップを命じられました。社会部長となった方が事件の大好きな人だったので、こんな人事になったようです。

　私の肩書きに「警視庁クラブで最初の女性キャップ」とつけられたりしますが、人数が少ないラジオ局などでは女性の警視庁クラブキャップがいたから、厳密には「最初の女性キャップ」ではありません。大手新聞、キー局といった、二十四時間誰かが必ずクラブに常駐している会社の中では初めてということです。

　警視庁担当は三回目なので知っている方も大勢いらっしゃいましたが、着任の挨拶に行くと、私のほうが普通の記者、同行した男性記者がキャップと間違われ、名刺交換されたこともありました。

　私がキャップになって意識したのは警察がヒエラルキー社会ということです。例えば、警視総監はキャップしか相対さない。一課担の仕切りトップでないと捜査一課長の所に行けない。そういうヒエラルキーを重視している組織なのです。

当時三十二歳でキャップの中では私はかなり若かった。だから、偉そうにする必要はないけれど、日本テレビの代表として「警視総監と相対する立場だという意味でのプライドは持たなければいけない」と考えていました。

一度、こんなことがありました。当時、キャリアの捜査二課長がいて、この人は「捜査の邪魔になる」と言ってスクープを潰そうとする人だった。うちの二課担の仕切りも何度も煮え湯を飲まされていました。そんな中、捜査二課が贈収賄《ぞうしゅうわい》で立件しようとしている事件がありました。しかし、多角的に取材をしてみると、そんな事件ではないことがわかりました。「これは絶対に詐欺どまりで、贈収賄まで伸びない」と見立てた私たちは、「これ以上待ってもいいことはないから書こう」と決めました。

その際、一応、二課担の仕切りに二課長に書くことを通告させました。捜査二課は午前十時四十五分から定例記者会見を開きます。その後で仕切りの記者が「やります」と告げたら、捜査二課長は「ふざけるな」というような反応を示して、物別れになった。でも、午前十一時半の昼のニュースで放送する手配を進めました。そこに捜査二課長から日本テレビのクラブに電話がかかってきた。「キャップ、二課長から電話です」。

絶対に文句を言う電話だと思ったので、「課長の相手はキャップじゃないから。そう伝えて」と言って私は出なかった。そうするとしばらく経って次に刑事部長から電話が入った。参事官はサブキャップ対応ですが、部長以上はキャップ対応なので、その電話には出ました。

「下川キャップは事件を潰すつもりなんですね」と刑事部長が言うので、「この事件は部長が思っているような事件ではありません。こちらも、さんざん取材しました。しかも、捜査二課長には何度も痛い目に遭っています。ここで待っても意味がないので、やらせていただきます」と私は応じました。

また、刑事部長から「捜査二課長が電話しても、あなたは出なかったから私が電話した」と言われ、「課長のほうが年上ですし、人生の先輩ではありますけれど、キャップという立場は課長と相対さないのが筋だと思って、このクラブで仕事をしています。それはご理解いただけますよね」と答えると、「そうだね」と引き下がりました。

日本テレビがこの事件を放送して、捜査二課長も刑事部長も怒りましたが、結局、私たちの見立て通り、贈収賄まで伸びずに終わった。当時の刑事部長とはその後、何度も当時の話をしますが、そのたびに「あの時は下川さんが正しかった。課長に盛られてたよ」とおっしゃり、今では笑い話です。キャップという立場でないとできない経験もあり、そういう意味では面白かったと思っています。

秋葉原無差別殺傷事件と情報番組の「誤報」

私がキャップの時の大きな事件としては、二〇〇六年の秋葉原無差別殺傷事件（注1）、渋谷のセレブ女医長女身代金目的誘拐事件、それから厚生省（現厚生労働省）の元幹部や家族が殺傷された元厚生事務次官連続襲撃事件（注2）などが記憶に残っています。

秋葉原無差別殺傷事件は、日曜日で歩行者天国になっていた、いわゆる「ザ・秋葉原」の交差点にトラックで突っ込み、周囲にいた人たちをナイフで刺すという前代未聞の事件でした。

当日、私は知人の結婚式の司会をしていたのですが、携帯メールが大量に届きました。最初は「たいしたことないといいな」と願っていましたが、「救急車の数がすごいです」といったメールが続々と来る。あわてて警視庁クラブに行くと、すでに何十人も病院に運ばれていて、警視庁クラブだけでなく、本社からも大勢の記者が取材に出ていました。

これは個人的なことなのですが、この日、風邪を引いてしまい、クラブにいるうちに寒気がひどくなり、三十九度ぐらいまで熱が上がった。「こっちも死ぬかもしれない」と思いながら対応しました。

事件当時、たまたま日本テレビの関係者が二人、秋葉原にいて、犯人を取り押さえる時の様子を写真に撮っていた。そのために映像スクープ的なオンエアを当日からできたのですが、翌朝、出勤しようとしていた時に、警視庁の幹部の一人から「下川さん、大変なことになっているよ」と電話が入りました。「どうしたんですか」と尋ねると、うちの朝の情報番組が警察の幹部の間で問題になっていることを教えられました。

この情報番組は、写真を撮った目撃者でもある日本テレビの関係者のインタビューなどを使い、秋葉原無差別殺傷事件を独自に放送したのですが、その中で日本テレビの関係者が「取り押さえた警察官が、一回警棒を落とし、その間に刺される人が何人かいたと思う」と話したのだそうです。それをご覧になった当時の警察庁官房長の奥様が夫に電話をかけ、「お父さん、この警察官は駄目じゃない？」というようなことを話した。ちょうど警視庁幹部と警察庁の幹部が朝の会議を開いていて、「確認しろ」ということになり、「防犯カメラは解析途中だけれど、そんな形跡はなかった」という報告があった。警察官がいい加減に扱われたことに対して、温厚な人柄で知られる矢代《やしろ》隆義《たかよし》警視総監の憤りが半端ではない……。

電話の主の警視庁幹部の話は以上のようなものでした。

「わかりました。対応します」

と言って、警視庁に行くと、想像以上に当局からの「日本テレビ、ふざけんな」攻撃であふれかえっています。「これはヤバい」と感じ、本社の上司に相談すると、「ワイドショーがやったことだ。報道局がやったのではないから放っておけ」。しかし、警視庁の空気は決して放っておけるものではない。「報道だろうがワイドショーだろうが、一般の視聴者はわからないでしょう。日本テレビがやったと当局は思っていて、私たちの取材を受け付けてもらえないぐらい、憤りが強いんです」と訴えると、「それなら、お前が何とかしろ」という話になりました。考えた末に、謝罪の手紙を書き、それを持って警察庁長官、警視総監、警視庁と警察庁の幹部たちのところへ謝りに行き、「どうしたらいいですか」と聞いて回りました。その結果、「間違っていたことを番組で謝る」ということで、矛先《ほこさき》を収めてくれることになりました。

三十九度の熱が続く中で走り回り、社内の調整もしました。結局、後日、番組内で当時の出演者らも謝ってくれましたし、報道局のトップと私が一緒に警視庁総務部を訪問して謝罪しました。

あの時に動かなかったら、日本テレビは警察庁と警視庁にしばらく出入り禁止だったかもしれないと思います。秋葉原無差別殺傷事件は事件そのものも大事件でしたが、私にとってはこの「誤報」問題も含めて大事件だったと、強く印象に残っています。

それにしても、あの時、警視庁幹部の一人がすぐに教えてくれなかったら、あそこまで動けなかったのは事実で、ありがたかったと感謝しています。また、忙しさと体調不良の中かけずり回って、誠心誠意に対応したことが取材相手にも通じ、それが信頼関係につながった部分もあったように感じます。

注1　秋葉原無差別殺傷事件　二〇〇八年六月に東京の秋葉原で起こった通り魔殺傷事件である。東京都千代田区外神田の神田明神通りと中央通りの交差点に、自動車工場の元派遣社員で二十代の男の運転するトラックが突入し、横断中の歩行者をはねとばした。この後、男は通行人と警察官をサバイ

バルナイフで切りつけて逃走。万世橋《まんせいばし》警察署の交番から来た警察官と非番で居合わせた警察官が、男を取り押さえた。死者は七人、負傷者は十人にのぼり、二〇一五年、最高裁で死刑が確定した。

注2　元厚生事務次官連続襲撃事件　二〇〇八年十一月、元厚生事務次官と家族を狙った連続殺傷事件である。十一月十七日、埼玉県さいたま市にある元厚生事務次官の山口剛彦《たけひこ》宅が襲撃され、山口と妻が刺されて死亡。翌日、東京都中野区にある元厚生事務次官の吉原健二宅が襲撃され、吉原の妻が刺されて重傷を負った。年金行政で不信が持たれていたことや、襲撃された二人が年金部門の経験者だったことから、「年金テロ」と報道されたが、十一月二十二日に出頭した四十代の男が「飼っていたチロという犬を殺処分にされた仇討《あだう》ち」と自供した。二〇一四年、最高裁で死刑が確定した。

記者クラブの総会で吊し上げにあった

二〇〇六年に起きた渋谷のセレブ女医長女身代金目的誘拐事件（注1）は、現時点で報道協定が結ばれた最後の事案です。この事件以後、日本全国で報道協定は十年結ばれていません。振り込め詐欺のほうが手軽に何億も稼げるし、誘拐は罪が重く、死刑もあります。だから、誘拐は〝わりに合わない犯罪〟ということで、減っているのでしょう。

記者も間違えることがあるのだけれど、報道協定は報道機関同士で結ぶ紳士協定であり、当局と報道機関との協定ではありません。報道することで人命に影響が出るおそれが非常に高い時に各社が競争して報じると、人命に危険を及ぼしかねない。そこで「報道機関が紳士協定を結ぶから、当局もそれに応じてください」というものです。だいたい身代金目的誘拐が起こると、報道協定を結んでもらったほうがいいという、内々の打診が当局から記者クラブ側にあり、記者クラブ側で「これは必要だ」と合意すれば協定を結び、それを当局に報告します。

さて、最後の報道協定が結ばれた事件ですが、テレビによく出ていた美容整形外科の女医のお嬢さんが朝、渋谷区の松濤《しょうとう》あたりにある自宅を出た後で誘拐され、身代金の要求がありましたが、翌日、神奈川県の川崎で監禁されているところを救出されました。

実は、このお嬢さんが誘拐されて報道協定が結ばれる前に、「渋谷署管内で誘拐事案があるらしい」という独自の情報を私たちは入手していました。報道協定が結ばれると取材できなくなるので、そうなる前にできる限りの取材をやっておこうと、渋谷署の出入りをクラブ員に見させていたところ、誘拐や立てこもりを担当する警視庁捜査一課の特殊班ＳＩＴ（special investigation team、通称エスアイティー。ＳＡＴは「サット」というのですが、「シット」といわれるのを嫌がります。でも、一般の人は「シット」と言っているようです）の使う車両が渋谷署に出入りしていた。「これは何かある」と、確信しました。

ちょうどその日、日本テレビの警視庁クラブと警視庁広報課の懇親会がありました。六時半スタートとわりに早く始まったのですが、まだ協定が結ばれていないので、私が刑事部長に電話して「渋谷で厄介なことになっていませんか」と探りを入れたりしました。

懇親会の最中に、広報課長へ何らかの情報が入ったのでしょう。ほかの課員は飲んでいるのですが、広報課長が荷物を置いたまま、席を立って帰って来なかった。結局、一時間後ぐらいに「全社集まってください」とおふれが出て、広報課の人たちと日本テレビの警視庁クラブのメンバーが一緒に警視庁に戻りました。

報道協定が結ばれる前にいろいろと情報を集め、報道協定が解除された時に備えて記者やカメラの配置場所を検討したので、報道協定が解除されると、日本テレビは犯人の身柄が確保されて署に入るところなど、いい映像が撮れました。

ところが、トラブルが起こりました。テロップを間違えたのです。報道協定が解除されてから撮ったのだけれど、報道協定が解除される前の時間をスーパー（字幕）で入れ、「身柄確保された容疑者」と流していた。間違ったテロップは一回だけでしたが、「日本テレビは、報道協定に違反して解除前に取材をしていた」ということで他社から吊し上げになり、クラブ総会が開かれました。

総会ではまず、「あの映像が、協定が解除されてからでは撮れるはずがない」と言われました。これに対しては「解除されてから、ここにいたからここが間に合った」と具体的な位置を含めて説明しました。「テロップで書かれた時間は解除前だったじゃないか」という指摘には、「あれは間違いで、その後訂正しています。すみません」と謝りました。結局、お咎《とが》めなしだったけれど、糾弾《きゅうだん》されている時は大変でした。

余談になりますが、この事件を番組にしようと動いたことがありました。独自取材で当時の捜査員たちの思いやオペレーションの詳細がわかったからです。いろいろなドラマがありました。しかし、オンエア直前に被害者のお母さんに反対され断念し、相当な大金を無駄にしてしまいました。

注1　渋谷のセレブ女医長女誘拐事件　二〇〇六年六月に東京都渋谷区で起こった誘拐事件。美容外科医の長女（大学四年生）が通学のため外出したところを、男二人にワゴン車へ連れ込まれ、母親に三億円の身代金を要求する電話があった。誘拐犯が使った車を神奈川県川崎市で警察が見つけ、車内にいた二人の男を逮捕。彼らの供述で長女が川崎市のマンションに監禁されていることがわかり、二十七日に警察が強行突入して救出した。

テレビ局が一般人の撮った映像を探す時代

報道協定に関して、最近、案じていることがあります。ＳＮＳ（注1）などの情報ツールが発達している現在、報道協定が従来のように機能するのかどうか、ということです。警察庁も警視庁も県警も記者クラブと定期的に報道協定が結ばれた時の訓練をしているし、私たち記者は家族に話すことも禁じられています。しかし、インターネットで個人が情報発信できるようになっている時代に、報道機関だけで、どこまで保秘ができるのでしょうか。

例えば、報道協定を結んでも、「隣の家の人が連れて行かれるの見たよ」などと報道機関に属さない人がツイッターなどで書くことを止められませんし、悪気なく「お父さんがあわてて出て行った」とお子さんが発信したことから始まって、「あなたのお父さんを、何時にどこどこの駅で見たよ。大きなカバンを持っていた」と親切に教えてくれる知人がいたり、「それはおかしいぞ」と推理しはじめる人が出てきて、「これって誘拐事件じゃないかな」というコメントが出ない保証はありません。どのように情報が拡散していくか、本当にわからない時代だと思うのです。

ただ、一般の人の情報発信はありがたい面もあります。先日、「うちのマンションの近くに警察の車両がたくさん来てます。連れて行かれる人を見ました」とツイッターに上がっていて、「何だろう」と思ったら、「かなり重要な事件の被疑者だった。逮捕したのでしょう」と続きがアップされた。警察が広報する前のことです。こういう情報発信が場合によってはスクープにつながることもあり得ます。

それから、最近は一般の人が撮影した映像をテレビで使うことが増えました。何か事件や事故があると、目撃者がSNSで写真や動画をアップすることが増えたので、最近では大事件が起きると、ネットで映像を探すことを、どこのテレビ局も重視しています。

一般の人が撮った映像で問題になるのは真贋《しんがん》鑑定です。日本テレビはその基準を厳しくしていて、使わせてもらいたい映像が見つかったら、撮った本人と連絡を取って細かい状況を聞きます。そして、間違いないことがわかったとしても、さらにデジタル鑑定をやります。少なくとも、いつ、どこで撮ったのかがわからないと使いません。

実は一回、痛い目に遭っているのです。ピザ店で店員が生地をかぶっていたずらをしている映像を投稿するのが流行った時に、投稿映像を本物だと思って使ったら「ぼっさん」と呼ばれるおじさんの顔が、見えないぐらいの大きさで入っていた。要するに偽物だったのです。コピーしたものを加工し、本物だと偽って投稿して、それにのっかる報道機関を揶揄するいたずらでした。それ以来、デジタル鑑定と出所の確認は厳しくなりました。

スマホのない時代は、「写真を撮った人、いませんか」「ビデオ、誰か撮っていませんか」と聞き込みをしました。秋葉原無差別殺傷事件の時、うちの関係者がたまたま写真を撮っていたけれど、ほかの社は「誰か撮っていませんか」と懸命に探していました。

今は、防犯カメラ探しです。防犯カメラは当局も必死になって探しますが、私たちも本当に血眼で探します。ただ、みんなが無条件に提供してくれるわけではありません。マンションでは理事長と副理事長の承認がいるというところもあるそうですが、コンビニでもなかなか協力してくれる店も少ない。店舗は「本部に聞いてください」と言い、本部に問い合わせると「絶対に駄目です」と言われたりする。

でも、ガソリンスタンド、普通の企業、普通のお家が防犯カメラをつけていて、台数が増えているので、交渉すると出してくれる人が増えたという面があります。昔は本当に限られていて、コンビニや大きなビルでないと設置されていませんでした。

それから、タクシーにもドライブレコーダーがつけられるようになりました。ドライブレコーダーも本当に役に立ちます。

都内で、今、窃盗や強盗が減っているのは、防犯カメラが増えたり、ドライブレコーダーが増えたことが抑止力になっていると原因に挙げる方もいますし、東京を避けてほとんど防犯カメラが普及していない地方で泥棒たちが稼ぐようになったという説もあります。

注1　SNS　ソーシャル・ネットワーキング・サービスの略称。インターネットを使って社会的交流を可能にするサービスのことで、「コミュニティ型の会員制のサービス」だけでなく、不特定多数がアクセスする掲示板を含むこともある。Facebook、LINEなどが代表だが、Twitter（ツイッター）は自らをSNSでなく「コミュニケーションネットワーク」と規定している。

テレビ報道は「見て納得、聞いて納得」

秋葉原無差別殺傷事件の五カ月後に起きた元厚生事務次官連続襲撃事件は、小泉という人が、昔、チロという犬を殺処分にされたのを怨んで、厚生省（現厚生労働省）の元幹部や奥さんを相次いで襲った事件です。あれも驚かされた事件でしたが、振り返ってみると、秋葉原無差別殺傷事件の頃は通り魔が続発していました。警視庁管内ではなかったけれど、土浦市で青年が連続して刺し殺す事件（注1）があったし、八王子駅前でも通り魔がありました（注2）。触発されるのかどうかわかりませんが、通り魔事件は連続する傾向があるように感じます。

それから、町田で起こった立てこもり事件（注3）では発生直後から中継車を出しましたが、こういうケースではいろいろと配慮します。例えば、報道ヘリが近づきすぎて犯人をあまり刺激しないようにするし、撮った映像を生放送で使わないとか、ライブ映像にしても捜査員があまり見えない反対側を使う。また、犯人がテレビを見ているかもしれないから、突入時は生で映像を流さない。でも、後で使える映像がないと困るので、カメラには収めておくわけです。

こういう現場では記者とカメラマンの呼吸が大事になります。記者の立場から言うと、カメラマンやカメラデスクと意思疎通できているかどうか。ちょっと遅れただけで撮れるか、撮れないか、大きく違います。また、カメラマンに役立つ情報を与えないといけないから記者は突入のタイミングを取材し、カメラもカメラでプライドもあるから撮れるアングルを研究する。両方の力が大事です。

能力の高いカメラマンは職人肌で一癖も二癖もあるにしても、そういうカメラマンがいろいろ気付いてくれたりして助かります。町田の立てこもり事件の時も、カメラマンがアングルを探している最中に、団地の別の棟で警察が突入の練習しているのを見つけました。それをオンタイムでは使わないけれど、解決してからVTRに入れると、「こんなこともしていたんだ」という「へえ」感があるし、「そうやって入ろうとしたのか」という詳細もわかります。スクープと呼べるほどではないにせよ、他の報道映像とひと味違ったものを視聴者に提供できるわけです。

テレビ報道は「見て納得、聞いて納得」が求められます。情報だけがあって画が追いつかなくてもダメだし、「この画は何か」という情報を示さないと、視聴者が消化不良を起こします。だから、両方が揃っていないといけません。

そこが新聞の記者とテレビの記者の一番大きな違いでしょう。逆に言うと、画さえ撮っておけば、すぐに流さなくても知っていたことがわかってもらえるという有利さがテレビにはあります。例えば、任意同行のシーンを撮っていると、「日本テレビは逮捕などの情報を知っていた」とわかってもらえます。いかに事前に画を撮っているかというところで勝負できるわけです。文章だけだと、どうしても先に出さなければ差をつけにくい。だから、「誰々逮捕へ」という前打ち報道をしなければ、なかなかスクープにならなかったりする。そういうケースが新聞は多いかもしれません。

昔は記者とカメラマンが一緒に動かないと仕事にならなかったけれど、今はデジカムで記者がどんどん映像を撮っています。しかも、すごくデジカムの性能がよくなっていて、本当にきれいに撮れます。ＥＮＧ（注４）という大きなカメラはハードルが高くて、なかなか出してもらえない時に、手軽に撮れるデジカムで済ませることができるようになりました。デジカムの素材だけで一分のニュースをつないだものも、最近少なくありません。だから、記者はデジカムの使い方を研修で習います。ちなみに、スマートフォンはみんな縦に撮るけれど、テレビ用に切り取ると細くなってしまう。横で撮っていれば十分使えます。

被疑者が送検される所を、大きなカメラではうまく撮れなかったけれど、記者が近寄ってデジカムで撮れたことがありました。何台も大きいカメラを出してもらったのに、デジカムの映像しか使わなかったから、カメラデスクが怒りましたが、最近はカメラマンがデジカムでいかにうまく撮るかも、研究してもらっています。大きなカメラが入れない時でも、きれいに撮りたいならカメラマンにデジカムで撮ってもらうほうがいいのです。

注1　土浦市通り魔事件　二〇〇八年三月に茨城県土浦市で起こった通り魔事件である。三月十九日に七十代の男性が自宅前で刺殺され、被疑者として指名手配された二十代の男は、二十三日に荒川沖駅の周辺で八人を刃物で襲い（一人が死亡）、近くの交番に出頭して逮捕された。二〇〇九年に水戸地裁で死刑判決が出た。

注2　八王子市通り魔事件　二〇〇八年七月に京王八王子駅の駅ビルにある書店で、アルバイトの女性店員と女性客が刺された事件である。女性店員は死亡し、女性客は重傷を負った。犯人（三十代の男）は逃亡したが、ＪＲ八王子駅近くの路上で職務質問を受けた際に犯行を認めて逮捕された。東京高裁で懲役三十年の判決が出た。

注3　町田の立てこもり事件　二〇〇七年四月に東京都町田市の都営アパートで起こった事件である。暴力団員の男が同じ組織に属する暴力団員を射殺し、都営アパートの自宅に立てこもった。翌日の未明に警視庁捜査一課の特殊犯捜査係（ＳＩＴ）が突入し、男を逮捕した。

注4　ＥＮＧ　報道やロケ取材などで使用する肩に担ぐタイプの業務用カメラなどのこと。

御用始めの挨拶回りは着物姿で警視庁内を練り歩く

警視庁キャップでも泊まり勤務はありましたが、クラブ員は総勢十人いたし、司法クラブや警察庁クラブの人も泊まりを分担してくれたので、月に二回ぐらいでした。ただ、事件があって、泊まりの記者がどうしても外に出なければいけない時は、キャップが交替して泊まりを務めることもあります。泊まりの記者が朝回りに行く場合、私が午前四時ぐらいにクラブに入って交代しました。

ちなみに、一日二十四時間、三百六十五日稼働している記者クラブは警視庁クラブだけだと思います。普通の役所の記者クラブは、夕方、みんな引き上げますし、県警も二十四時間の所はないでしょう。もしかすると、大阪府警などで新聞が二十四時間、クラブに詰めているかも知れませんが、たぶんテレビはないはずです。

特殊ということでは、警視庁クラブでは、民放のテレビ局が各社頑張っていて、新聞よりテレビの力が強いと言われることが少なくない。新聞の人たちは地方から上がってくることが多く、地方でやっていた時は、テレビはアナウンサーだか記者だかわからないようなｖ人数しかいないから、テレビをなめている人が少なくありません。ところが、警視庁クラブに来ると、「新聞がテレビに負けるのか」とカルチャーショックを受けるようです。

もう一つ、特殊ということで付け加えると、これは日本テレビの警視庁クラブ限定のことになりますが、御用始めの日に女性記者が着物で警視庁と警察庁の挨拶回りをします。これは強制ではなく、嫌でなければ女性はお正月らしく晴れ着を着る。私がキャップの時の一時期、クラブ員十人中五人が女でした。五人が晴れ着で庁舎内を歩くと、「何だ、何だ」という感じでみんな集まってきました。

実は着物で行くことにメリットもあるのです。それは下っ端の記者でも幹部らに会える可能性が高いこと。「早朝から大変な苦労をして、着物で来たのでご挨拶させて下さい」と言うと、ガードが緩くなって、アポが入れやすいのです。今は日本テレビ警視庁クラブの伝統にもなっていて、私の後のキャップは男性が続いていますが、彼らも自ら着物を着て挨拶回りをしています。

昔は警察庁はじめ霞が関のお役所でも、御用始に受付の女性が晴れ着を着ていたけれど、今は全然見かけなくなりました。経産省が着物の推進をやっていますが、「御

御用始めは着物で。警視庁クラブにて

用始めは着物にすればいいのに」と私は思います。お正月のお着物はいいものですよね。

キャップが終わってからも、私は着物姿の挨拶回りに参加しています。今年の御用始めは一月四日で、「スッキリ!!」ニュースのキャスター担当日でした。着物での挨拶回りは、だいたい午前七時ぐらいに着付けをして、そのまま警視庁と警察庁に行って挨拶回りを始めるというパターンだったから、「スッキリ!!」に出ると出遅れてしまう。「情報ライブ　ミヤネ屋」（注1）はない日だったので、着物で「スッキリ!!」のニュースを読んでそのまま挨拶回りに行っては駄目かと上司に相談してみました。「何か起こった時に嫌な思いをするのはお前だよ」と忠告され、「確かに晴れ着で悲惨なニュースを読むのはいかがなものか」と考えてやめました。

御用始めの日はたいてい悲惨な事件がなく、今年も結局、何もなかったけれど、正月だからといって事件がないとは限りません。以前、ホテルで着付けをしてもらっている最中にバラバラ事件が起き、捜査一課担当の後輩は、せっかくだから午前は着物で挨拶回りをしたものの、すぐに着物を脱いで現場に向かったこともありました。

私が警視庁クラブのキャップだった時代には、週刊誌に悪口を書かれたりもしました。十人中五人が女だった時期は「女性を売り物にしている」「女性記者にすればネタが取れると思っているテレビ局」と、私だけでなくて、女性記者に対する悪口でした。また、「アマゾネス軍団」とも書かれましたが、これは後でインタビューされた時にキャッチフレーズの一つとして活用させてもらいました。

私個人を対象にした怪文書も二回ぐらい出ています。そのうちの一つは、國松警察庁長官狙撃事件でスクープした後でした。「なぜ、日本テレビの私にその情報が最初に行ったのか」という部分を突いたもので、当時、警察庁の警備局長だった方と私ができていて、ピロートークで教えたというような話が書かれていました。日本テレビを除く警視庁クラブの全社や、警視庁など当局に葉書で送られたようです。
でも、実はこの方は捜査自体をほどんど知らされていなかった。様々なメディアとの接触が多く、おしゃべり好きな彼に報告すると外に漏《も》れかねないと危惧した警視庁公安部は、内緒でやっていたのです。彼の所に誰も報告に行かなかったというショックの上に、「私とできていた」という話が加わり、二重のショックだっただろうと想像します。

注1　情報ライブ　ミヤネ屋　二〇〇六年七月から始まった読売テレビ制作の情報番組で、司会は宮根《みやね》誠司《せいじ》。最初は関西のローカルだったが、二〇〇七年三月に日本テレビが加わるなど、全国ネット放送に発展した。

第四章

社会部デスクとキャスター
——二足の草鞋

二〇〇九～二〇一一

金賢姫の単独インタビューで感じた意外な印象

二年九カ月にわたって警視庁クラブのキャップを務め、二〇〇九年一月に本社へ戻り、社会部デスクを命じられました。

社会部デスクは大きな事件があれば統括する仕事も含まれますが、基本的には内勤です。記者クラブ生活が長く、あまり会社の中にいたことがなかったので、「テレビ局に勤めているんだなあ」と改めて実感しました。

勤務時間はシフトがあって、早番は朝七時から夜八時ぐらいまでをメインでやる。遅番は午後三時から朝のニュースの前の夜中の二時ぐらいまでです。

今、社会部デスクと兼務して朝の番組もやっている関係上、あまりシフトがバラバラだと健康管理がきつい。年も取ってきたということで、泊まりや遅番は基本的に外してもらっていますが、最初の頃は泊まりも遅番もやっていました。ちなみに、夜中に地震が起こると、泊まりデスクは本当に大変です。

二〇〇九年は、酒井法子が覚醒剤で捕まった事件（注1）や、英国人女性のリンゼイさんを殺害し、整形して逃げていた市橋達也の逮捕（注2）などを、取材指揮を取りつつ、ニュース番組で解説もしました。

リンゼイさんの事件は管轄が千葉県警だったので千葉支局の記者、それから本社の遊軍記者、警視庁クラブの記者からも応援が出ました。デスクはそういう人員の送り込みとカメラも手配をします。市橋は大阪から新幹線で移送されたので、沿線の系列局に協力してもらい、要所、要所で新幹線に乗ってもらったりもしました。地方の系列局とのやりとりは、NNNデスクというネットワークデスクを通じて行います。

それから、二〇〇九年は金賢姫《キムヒョンヒ》（注3）の単独インタビューに成功しました。社会部デスクの仕事の一つとして、私は北朝鮮による拉致問題を担当していて、担当記者が熱心に取材していたのですが、当時の民主党政権で拉致担当大臣だった中井洽《ひろし》（注4）が、金賢姫を来日させようとしているという情報が入ってきた。「単独インタビューを取りたい」ということで、いろいろと画策した結果、日本テレビとNHKの二社だけが単独インタビューを取れました。

最近、金賢姫はよくマスメディアに出ていますけれど、当時は日本のメディアの取材にはほぼ応じておらず、どんな人なのか、よくわからなかった。帝国ホテルで実際に会った印象としては、オーラのある、きれいな人でした。また、「この人が大量殺人を犯すような教育をされていたのか」と意外な感じを受けました。

田口八重子（注5）さんの息子さんの飯塚耕一郎さんが、金賢姫と一緒に軽井沢の別荘で食事をつくる映像があります。確か政府関係者が撮ったものが、後で配信されたのだと思うのだけれど、そこに少しデレッとして見える飯塚耕一郎さんの姿が映っている。お父さんの飯塚繁雄さんと話をした時、「あんな耕一郎の顔を見たことない」とおっしゃった。お母さんの面影を知る人という意味合いとともに、「お母さんのような優しさを感じたのかなあ」という話をしたけれど、金賢姫は柔らかい雰囲気のある人だと感じました。

注1　酒井法子覚醒剤事件　女優、歌手の酒井法子の夫が二〇〇九年八月に覚醒剤を所持していて逮捕されたことから酒井の捜査も進められ、五日後に酒井が出頭して逮捕された。東京地裁で懲役一年六カ月、執行猶予三年の判決が出た。

注2　リンゼイ・アン・ホーカー殺害事件　二〇〇七年三月、イギリス人の英会話学校講師リンゼイ・アン・ホーカーが市川市で殺害された事件である。犯人の二十代の男は逃亡し、北は青森、南は沖縄

まで転々としたが、二〇〇九年十一月、大阪で逮捕され、東海道新幹線などを使って千葉県の行徳署まで移送された。

注3　金賢姫の日本訪問　二〇一〇年七月に菅直人内閣は北朝鮮の元工作員・金賢姫（一九八七年の大韓航空機爆破事件の実行犯）を日本に招致し、鳩山由紀夫前首相の別荘などに滞在、拉致被害者家族と面会した。

注4　中井洽　一九四二年〜。国家公安委員会委員長、拉致問題担当大臣、法務大臣、衆議院予算委員長、民主党副代表などを歴任した。西村眞悟議員と並ぶ対北朝鮮強硬派であり、民主党拉致問題対策本部長を務めた。

注5　田口八重子　一九七八年に北朝鮮に拉致された女性で、飯塚繁雄は兄、飯塚耕一郎は実子。北朝鮮の元工作員・金賢姫の証言から、彼女の日本に関する教育を担当した李恩恵が田口八重子と見られている。

適当な話をするコメンテーターが多くてイライラした

当時の報道局長が「やってみろ」と、突然思いつきみたいな感じで言い出し、毎日ではないけれど、二〇〇九年に「リアルタイム」（注1）という夕方のニュース番組で、「コメンテーター」として事件の解説をすることになりました。同期の近野宏明《こんのひろあき》さんと、もともとはアナウンサーだった笛吹雅子《うすいまさこ》さんの二人がメーンキャスターを務め、陣内貴美子《じんないきみこ》さんがスポーツキャスターの役割を担っていた番組です。

報道局長には「せっかく事件畑で女性初のキャップまでやったのだから、そういう経験をうまく生かせ」という意図があったようです。しかし、番組サイドはどうやって使ったらいいのかわからなかったのではないかと思いますし、私にしても誰かに教えてもらえることではなくて困りました。笛吹さんのようにアナウンサーから報道局に転じてキャスターを務めたりすることはあっても、当時報道局社会部の現役デスクが番組で、毎日のように解説することはありませんでした。

今思うと、当時の解説は原稿を読んでいる感があり、解説になっていません。恥ずかしい限りです。記者時代に現場からの中継に出たけれど、スタジオで出演するのとはまったく違います。パターンと呼ばれるポイントを書いたボードを見せながら説明することに慣れていなかったので、原稿を読みながら指すような感じになっていました。

当然現場の記者らが取材したことをベースにして解説するのですが、「こういうことを話したい」と、旧知の警察幹部に電話で取材するなどしながら、コメントを考えたりしました。また、法的な話で細かい所がわからないと、検察庁の人や弁護士など、それまでの仕事で培った人脈を使って、裏を取りました。「ここは批判的にならざるを得ない」という場合に、的外れの批判をしたら恥ずかしいし、申し訳ないからです。私が現場にいる時、いろいろな番組でその事件の真相も知らずに適当な話をするコメンテーターが多くてイライラしました。自分がそうなってはいけないと意識したのです。

もちろん、わからないことも多く、正しいことをきちんと指摘できるかどうかわからないけれど、少なくとも、自分が自信を持って話せるように準備することを心がけたつもりです。

注1 NNN Ｎｅｗｓリアルタイム 「ＮＮＮニュースプラス１」の後をうけて、二〇〇六年四月から二〇一〇年三月まで、日本テレビ系列で放送されたニュース番組。アナウンサーから報道局に移っ

た笛吹雅子、報道局の記者・近野宏明が平日のキャスターを務めた。

やってもらいたい人とやりたい人は違う

酒井法子の覚醒剤事件では、裁判の解説をいろいろなニュース番組でしましたが、「日テレNEWS24」では、検察出身の若狭勝さん（現在は衆議院議員。東京都知事選で小池百合子候補の参謀になった方です）と特番でやりました。自分一人で話すより、誰かと一緒に解説するほうがやりやすかった。ちなみに、検察を辞めた若狭さんを、最初にテレビに出したのは日本テレビです。

元捜査一課長の田宮榮一《たみやえいいち》（注1）さんは私がお願いして、夕方のニュースの専属コメンテーターになっていただきました。田宮さんは本当に素晴らしい方でした。お家が貧しく、高卒で警視庁に入り、働きながら夜間の大学を卒業された。警視庁の捜査一課長をやったのち、ノンキャリアとして最高のポジションである生活安全部長に就任して退官。その後、いわゆる天下り先のヤマト運輸で専務を務めて、子会社のトップもされました。

田宮さんは、「自分はお金に困っていない。半分ボケ防止のために若い人たちとやりたいから、お金はいりません」とおっしゃった。でも、まったくの無報酬というわけにいかないから、微々たる額で契約を交わしました。その前の単発のインタビューは、一切謝礼を受け取らずにいました。

とにかく頭がよくて、「相手が何を聞きたいか」がわかる。だから、テレビ的にはとても便利だけれども、根本のところで「自分は警察のある種の顔だ」とお考えになっていた。そういう意味で現場の警察官への敬意と叱咤激励《しったげきれい》の気持ちでやっていらっしゃる姿勢を感じました。根本のところのブレがない、と言っていいでしょうか。私は立場も経験も違うけれど、記者の気持ちの根本はブレずに、現場の記者の気持ちをわかりつつ、視聴者にわかりやすい便利なことを話したい。田宮さんを模範にしているわけではないけれど、そういうイメージを今も描いています。

テレビ局でも新聞でもそうだけれど、田宮さんの次の人に苦労しています。インチキな人に勝手なことをしゃべられたくないという思いがあって、私たちも「田宮さんの次」を育てようとしました。元捜査一課長とか元特捜部長という肩書はある意味で大切です。「この人はどうだ」と目星をつけると、ご家族の反対があってダメだったこともありますし、しゃべりが駄目だとか、テレビ局側から見て駄目な人もいます。逆に、刑事としては問題があったり、たいした経験をしていなくてもテレビ的なおしゃべりやコメントが上手な人もいます（ワイドショーや他局の報道番組でこのような人が出ているケースが多いですが、日本テレビのニュースでは使わないことにしています）。やってもらいたい人とやりたい人は違うのです。折り合いのつく人が難しくて、結局、その後、「田宮さんの次」は出ていません。

今はジョブローテーションという考え方から、いろいろな部署で仕事をさせて育てようという傾向が強い。だから、頻繁に異動が起こり、人脈が途絶えがちなことも、「田宮さんの次」を探し出せない一つの原因かも知れません。異動後も個人的な関係がつながっているのが理想だし、そうすべきなのだけれど、年賀状だけのお付き合いになったりするとどうしても途切れてしまいます。そうすると、なかなか「第二の人生」を日本テレビに捧げてくれるくらいの契約はしてもらえないですよね。

その点でいえば、田宮さんともがっぷり四《よ》つにお付き合いができた、通算八年間の警察担当は貴重でした。

注1　田宮榮一　一九三二年〜。警視庁の巡査からスタートし、刑事部生え抜きの捜査一課長になった。その後、刑事部参事官、警ら部長などを歴任。退職後はヤマト運輸に迎えられ、代表取締役専務、ヤマトコレクトサービス会長などを務めて退任した。

井田由美さんに泣きついた日々

二〇一〇年七月からは夕方のニュースの解説ではなく、当時早々にやっていた「ズームイン!!ＳＵＰＥＲ」と今もやっている「スッキリ!!」という二つの情報番組の中のニュースコーナーのキャスターを担当することになりました。これも社会部デスクと兼務という形です。「ズームイン!!ＳＵＰＥＲ」（注1）で担当したニュースは、「確定」といって、六時ぴったりから始まり、六時八分ぴったりに終わらなければいけません。一秒たりともずれてはいけないのです。しかも初日は、選挙の翌日で、サッカーワールドカップの決勝戦があったりして、不特定情報がどうなるかわからない大混乱の中でしゃべり、途中でブチッと切れて終わるような感じでした。

それまでコメンテーターとして発言したり、記者として中継したりしても、キャスターが調整してくれました。例えば三分で話すところを十秒ぐらい前後してもスタジオで引き取ったキャスターがなんとかしてくれた。しかし、今度は自分がきっちり八分で終えなければいけない。それはものすごいプレッシャーでした。

キャスターになる前に一週間ぐらい、「きょうの出来事」をやられていた井田由美（注2）さんが先生になってくれて、発声練習から「どうやって話したらいいか」などを、付け焼き刃で習いました。いまだに井田さんからいろいろとアドバイスを頂戴していますが、キャスター最初の一週間は「確定」に慣れなくて全然うまくいかず、とにかく辛かった。「井田さーん」と泣きついてばかりいました。

ちなみに「スッキリ!!」のニュースは「アンタイム」といって、それほど正確でなくてもいい。六分間で五秒程度の違いは許容範囲にしてくれるので、まだ気が楽です。「情報ライブ　ミヤネ屋」も宮根誠司（注3）さんとのトークが入るので、それほど神経質にならずに済みます。

ただ、確定にだんだん慣れてくると、それがうまく行った時の達成感がすごいのです。絶対収まらないだろうとまわりが思っているのに、原稿を意味の通る形でうまく端折って、ピタッと終えられた時、自己満足が体中を駆け巡ります。

余談になりますが、私は自分の出たVTRをなるべく見ないことにしています。本当はきちんと見て、何が悪いかを確認したほうがいいのだけれど、見たくない。それでも必然的に目の当たりにしなければならないことがあるのが、BSの「深層NEWS」（注4）です。この番組はゲストを交えての討論が基本ですが、ゲストによっては生放送の時間にいらっしゃることができない方がいて、事前収録になる時があります。その場合も、オープニングとニュースとエンディングは生放送なので、収録したものを本番中に見ながらやらなければならない。衆人環視の下、自分たちがやったものの反省会をさせられているみたいで、すごく嫌です。「ここで言葉を間違った」とか、「気の利かないことを質問した」と自分で思っているのに、それをスタッフ皆の前で目の当たりにさせられるのは苦痛以外の何ものでもありません。

注1　ズームイン!!SUPER　二〇〇一年十月から二〇一一年三月まで、日本テレビ系列で放送された情報番組。「ズームイン!!朝！」をリニューアルして始まったが、午前五時台の「あさ天5」、午

前六時台の「ジパングあさ6」を統合して、放送時間は大幅に増えている。

注2　井田由美　一九五七年〜。福岡県北九州市に生まれ、慶應義塾大学法学部を卒業後、一九八〇年、日本テレビに入社。「きょうの出来事」などのキャスターを務め、現在は日本テレビ編成局アナウンスセンターアナウンス専門部長。

注3　宮根誠司　一九六三年〜。島根県大田市に生まれ、関西大学経済学部を卒業後、一九八七年、朝日放送に入社。「おはよう朝日です」など人気番組の司会を務め、二〇〇四年三月に退社し、フリーアナウンサーになる。二〇〇六年七月にスタートした「情報ライブ ミヤネ屋」（読売テレビ制作）は、二〇〇八年三月に日本テレビなどでも放送が開始され、高い視聴率をあげている。

注4　深層NEWS　BS日テレ、日本テレビ、読売新聞の三社の共同制作で、BS日テレが二〇一三年九月から放送している報道番組。時間帯は平日の午後十時から一時間である。

午前二時半起きから解放され、本当にありがたかった

前にも書きましたが、二〇一〇年七月から「ズームイン!!SUPER」と「スッキ

リ!!」に出るようになりました。

「ズームイン!!SUPER」は朝の六時のニュースで、「スッキリ!!」が午前十時過ぎのニュースです。「ズームイン!!SUPER」に出るために、二時半起きの四時出社でした。二時半に寝ることはよくあっても、起きることはほとんどなかった「未知の時間帯」です。

この時も今もそうですが、キャスター業務は隔週です。社会部デスク業務のみの週は夜が遅かったり、飲みに行ったりする。翌週はキャスター業務で二時半起きの四時出社だから、初めのうちはどうやって睡眠を取っていいかがわかりませんでした。

しかし、「ズームイン!!SUPER」が翌年の三月で終わり、「ZIP!」(注1)という番組に変わりました。その時に朝のニュースの担当はなくなり、「スッキリ!!」はそのまま続け、「情報ライブ　ミヤネ屋」が加わりました。

「スッキリ!!」と「情報ライブ　ミヤネ屋」の二つをやるパターンになって二時半起きから解放され、「何てありがたいんだろう」と心から思いました。また、「ズームイン!!SUPER」は前日の夜十時から朝八時ぐらいまでをカバーする泊まりのデスクがニュースの項目を立てるので、私は原稿を読むだけでした。「これならアナウンサーでいい」とずっと思っていました。

その点、「スッキリ!!」は「デスク兼キャスター」という二人一役の立場なので、自分でニュースの項目を決めて、それを自分で伝える「自作自演」です。朝が早いからできることは限られるけれど、「これは絶対に伝えたい」というニュースは無理を言ってお願いします。ネット局や社会部など担当する取材部に出稿してもらう交渉をし、どれを先にしてどれを後にするかという順番も自分で決められる。六分間の限られた時間ではありますが、いろいろな意味で裁量が与えられています。

といっても、楽しいばかりの仕事ではありません。ニュースは毎日、放送しなければならないのですが、様々なニュースがある時はある時で、取材部からニュースの売り込みがあっても「ごめんなさい、今日はいっぱいなので」とお断わりする場合もあるし、足りない時は「何とか出してください」とお願いします。六分を多少前後しても、数を揃えるのは楽ではなく、とりわけニュースが何もない時は本当にきついです。一方で、ニュースコーナーの始まる直前に大きな事件などがあると、速報として入れざるを得ず、急きょ決まっていた項目を崩し、手探りでオンエアしなければならず、冷や汗がすごいです。

また、オリンピックのような大イベントがあると、いろいろ制約がありつつも、六分はすぐ埋まってしまう。オリンピックの制約とは、競技映像を使える尺（注2）が厳密に決まっていることです。「スッキリ!!」本体でだいたい競技映像を使っていて、「スッキリ!!」のニュースは一分というふうに決められています。そうすると、競技映像以外でユニフォーム姿を撮っているもの、選手が入場している場面、選手のインタビューなど、競技映像に含まれないものを使うことになり、画としてのインパクトに欠けます。二〇一六年のリオデジャネイロ・オリンピックの時、私の担当した週はイチローの三千本安打などのニュースがあって助かりました。

注1 ZIP! 二〇一一年四月から日本テレビ系列で放送している情報番組。「ニッポンの朝にエールを送り、HAPPYを届ける、情報エンタテインメント番組」と銘打っている。

注2 尺 放送時間の長さを示す業界用語。

第五章

「情報ライブ　ミヤネ屋」と「深層NEWS」

二〇一一〜

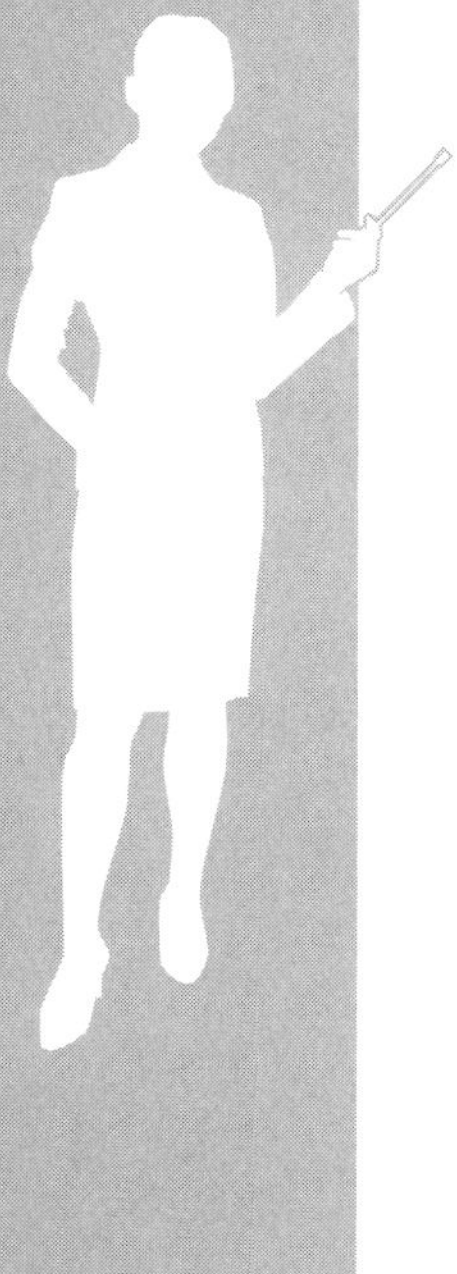

苦情が殺到した「私のひと言」

「情報ライブ　ミヤネ屋」と「スッキリ!!」は、国内外問わず全てのニュースの中から伝えるニュースをピックアップする点は同じです。通常は、番組のデスクが項目を挙げ、プロデューサーらと話し合ってニュースの順番を決めます。ネタの軽重もそうだけれど、「何がキャッチか」「CMの入れどころはどこか」を考え、番組デスクがプロデューサーらと相談しながら決めるわけです。でも、「スッキリ!!」と「情報ライブ　ミヤネ屋」のニュースは、取り上げるニュースも順番も私が自分で決めています。特に「情報ライブ　ミヤネ屋」はニュースの後に「トークコーナー」もあるので、宮根さんが転がすネタとしてどうしたらやりやすいか、盛り上がるかなども考慮しながら、決めています。

「情報ライブ　ミヤネ屋」への出演は東日本大震災後の二〇一一年四月から始まりました。大阪の読売テレビ制作の番組ですが、関東でもありがたいほど視聴率が高い。時間帯の視聴率としては百四十五週トップ。最近では同じ時間帯にフジテレビの安藤優子さんの番組やＴＢＳの番組があります。そういう番組が増えてきたので、昔ほど圧倒的な高視聴率というわけではなくなっているけれど、安藤さんの番組の倍以上の視聴率です。

ただし、九時から五時の時間帯に働いているサラリーマンは見られないので、視聴者層に偏《かたよ》りがあります。では、視聴者は誰か。主婦の方はもちろんですが、例えばお店をやっていらっしゃる方は準備しながら見てくださるようで、お寿司屋さんや居酒屋さんに行くと「見ています」と言われたりします。それから、夜のお店のオネエサンたちが支度しながらけっこう見ているようです。意外なのは経営者で、「三時ぐらいにスポーツジムで走っていると、あなたがテレビに映っているのを見た」と言われました。

自分が有名人と思っていないので、知らないだろうなと思って気を抜いていると、「ミヤネ屋を見ています」と言われ、慌てることもあります。視聴率が高いことの「怖さ」を感じます。

離婚した時も驚くようなことがありました。

円満離婚で今でも元夫とは仲良しですが、社内の職場結婚だったので仕事上、いろいろと気を遣いました。

離婚の報告等が終わってしばらくした頃、ちょうど後輩の結婚式で長野に行っていたのですが、終わって軽井沢のおそば屋さんに立ち寄ろうとした瞬間、私の私用携帯に見知らぬ番号から着信がありました。

出ると「××新聞の◯◯ですが」とスポーツ紙の記者を名乗る人が「突然ですが、下川さん離婚されたんですか」と聞いてきました。びっくりです。

私は別に隠したかったわけではありませんが、社として個人が取材を直接受けてはならないルールになっているので、「申し訳ありませんが、サラリーマンなので、お答えできないんです。私の離婚なんてそこまで興味ないと思いますが、もし本当に必要なのであれば広報に聞いていただけますか」と答え、電話を切りました。すぐに社会部長に連絡し、「まず出ないと思いますが、一応」と言って、広報にも伝えてもらいました。

その後、何日も何も報じられなかったし、広報にも何の問い合わせもなかったので安心していたら、それから十日以上たっていきなりそのスポーツ紙の朝刊に載ったのです。見出しは「ミヤネ屋キャスター離婚」。三段くらいのかなり目を引く位置に載っていたと記憶しています。そうか、私なんかどうでもいいけど「ミヤネ屋」という冠があるから記事になってしまうんだ、と改めて責任の大きさを感じました。それにしても、誰がスポーツ紙に私の情報やら私用携帯番号を教えたのだか……。いまだにモヤモヤ感が残っています。

もう一つ離婚関連で。

離婚したのは三十九歳の時でした。四十歳の誕生日の時、節目の年でもありますし、離婚を心配して下さる人たちも多かったので、四十歳記念パーティーとしていろいろな関係者に集まっていただき、感謝と元気であることを伝えたいと思い、仲良しの後輩に幹事をお願いしました。

すると彼女を含め幹事団が想像以上に頑張ってくれて、司会も参加人数も来て下さる方々のバリエーションも大変なことになってしまいました。それこそ宮根さんも来て下さいましたし、同僚やゴルフ仲間、幅広い取材相手から同業他社の記者や大先輩、小学校や大学の同級生まで百人以上来てくれたと思います。そんな中、ただただ四十歳のお祝いをしてもらうだけでは申し訳ない、何か楽しんで帰っていただかなくては、と考えました。

元来私は我ながらサービス精神が旺盛《おうせい》な性格です。そこで思い付いたのは、かつて結婚式の時に後輩が作ってくれた「ブライダルビデオ」を披露することでした。テレビ局の人が結婚すると、大抵、同期や後輩が仕事の合間にいろいろな趣向を凝らしてビデオを作ってくれるのですが、私たちのビデオはたくさんの仕掛けがあって、本当に面白いものを作ってくれていました。結婚してしばらくたってからも、何人もの人から「見せて欲しい」と言われ、何度も家で上映会をやったくらいです。四十歳パーティーには、当然見ていない方がたくさんいらっしゃるし、「今日で見納め！」と称して上映しました。

案の定、会場はバカ受け。大盛り上がりとなりました。よかった、と安心していた矢先、何日もたたないうちに取材相手の一人から、「下川さんの離婚パーティーに行かなかったか」と連絡が来たよ」と電話がありました。なんと某週刊誌が、私が離婚パーティーというけしからん会合を開き、そこに官僚らが喜んで参加していた、という意地悪記事を書こうとしているというのです。私はさておき、せっかく来て下さった方にご迷惑をかけるわけにはいきませんし、離婚パーティーでもなんでもない。

忸怩《じくじ》たる思いと腹立たしさとで気が狂いそうになりながら奔走《ほんそう》し、記事も出ずに済みましたが、そういう記事になり得るんだと、色んな意味で考えさせられる出来事でした。

視聴者の中には、私をアナウンサーと誤解している人が多く、「アナウンサーの癖に、勝手にベラベラしゃべっている」と思われる場合もあるようです。その点は難しい所ですが、私がニュースのコーナーに出るのは、ある意味で経費節減の一環でもあります。アナウンサーがニュースを読む場合、項目を決めるデスクも必要になる。それが一人で済むからです。

難しいと言えば、普通に会話していてもそうだけれど、自分が想定していないとらえ方をされることがあります。「情報ライブ　ミヤネ屋」でニュースを担当し始めた年の夏、私は風邪を引き、声帯が弱いのですぐに喉に来て、声がガラガラになりました。宮根さんが「下川さん、どうしたん。はるな愛みたいな声やなあ」と言われて、「クーラーに弱くて風邪を引きました。お聞き苦しくてすみません」と答えたのですが、その後に苦情の電話が殺到しました。当時、東日本大震災の後で東京で計画停電が実施されていて、「節電しろと呼びかけておきながら、こいつは冷房をかけながら寝て、風邪を引いたんだ」という苦情でした。

私は家で冷房をかけていません。テレビ局は機材が多いから冷却用にクーラーを使い、場所によってはすごく涼しいのです。会社で私が座っていた席が寒くて、それでやられたのですが、そういう説明はしないから、「節電の折に自分だけ涼しくてして、風邪を引きやがった」と受け止めた視聴者がいたのでしょう。「そういうふうに受け取られるのか」と驚くと同時に、自分のひと言がいろいろな誤解も生じさせることを学びました。

この時の経験は最初のうちはトラウマでしたが、「日本テレビの人が言った」という話になるので、場の雰囲気を壊さない程度に、あまり変なことは言わないという教訓になりました。私もサラリーマンですから、社のスタンスを守るべきところは一応、慎重にしゃべっています。

大阪のノリで突っ走る「ミヤネ屋」のすごさ

「情報ライブ　ミヤネ屋」の辛いところは、宮根誠司さんからどんなトークがふられるかわからないことで、最初の頃は本当に困りました。宮根さんは政治、経済、それから中国の話も大好きだから、そういう所にも対処しなければなりません。自分でニュースの項目を決める以上、その中で何をふられても対応しなければなりません。そこで、新聞などもオールラウンドに目を通しておく必要があり、それまでほとんど社会面しか見てなかった私は全部見るようになりました。

そうかと思うと、ニュースと全然関係のない「昨日、飲み過ぎた?」という話もふられたりします。内輪ネタになりすぎると「公共の電波で……」と言われますから、野暮《やぼ》にならない程度で応じる。そのあたりの兼ね合いはなかなか難しく、終わった後、脇に汗をかいている時もあります。

宮根さんは勉強熱心で、オールジャンルに情報を持っています。しかも、あそこまで有名になられたから、いろいろな方に人脈があって、ホットな情報を聞いています。

さらには聞き流さないところがあって、「それってどうなの」と、視聴者の知りたい本質的なところを突いてくる所は本当に怖い。視聴者が「そこを知りたい」と思っているのにテレビ局がサラッと流しがちな所を、きちんと押さえる。私自身、勉強になります。

これは「大阪のおばちゃん目線」なのだと私は理解しています。作家の百田尚樹《ひゃくたなおき》（注1）さんに「お宅は儲かりまっか」と聞かれて、東京の経営者が驚いたそうですが、東京の人にとってお金はある種のタブーです。でも、大阪の感覚は違う。「情報ライブ　ミヤネ屋」でも「儲かりまっか」というキーワードが多く、「儲かりまっか」がいやらしくなく出せる——わざといやらしく示す時もあります——ところが宮根さんのすごさです。本当に「大阪のおばちゃん目線」には感心させられます。

「情報ライブ　ミヤネ屋」は大阪の番組なので、東京の番組にはない悪のり感が全体に漂《ただよ》い、正直言って、それについていけないこともあります（笑）。でも、東京の人たちにとっても「そこは本当のところ、どうなんだろう」という興味があるところに突っ込むのは魅力的です。それをえげつなくやるのが大阪のノリであり、東京の番組とひと味違う感じは、最近、薄まってきつつあっても、その趣を変えるつもりはないし、私にとって新鮮な番組です。

宮根さん本人は面倒見がよく、会合を開いてくれたりして、出演者を大事にします。三年ぐらい前のことですが、夏休みにすることがなかった私は大阪に遊びに行きました。その時に私の来阪を知った宮根さんが「情報ライブ　ミヤネ屋」のスタッフと宴会を開いてくれました。若手芸人を大勢呼んで盛り上げてくれたのには驚きました。売れない芸人さんにもとても気を遣われていました。

先日、「情報ライブ　ミヤネ屋」十周年記念の宴会が大阪で盛大に開かれた時、私は行けなかったので、お花だけ送りました。

注1　百田尚樹　一九五六年〜。大阪市東淀川区出身で、同志社大学を中退後、放送作家になり、『探偵！ナイトスクープ』などを担当した。二〇〇六年に『永遠の0』を出版、二〇一三年には『海賊とよばれた男』で本屋大賞を受賞した。

「絶対しゃべらないオーラ」が出ていた菅官房長官

「情報ライブ　ミヤネ屋」では短距離走における瞬発力と反射神経のようなものを鍛えられました。それは今まで私になかった能力です。一方、「深層ＮＥＷＳ」は一時間――ＣＭを抜けば四十数分――という長い番組の中で、ゲストとやり取りします。こちらはこちらで難しさがあります。

番組のコンセプトは「全部そのまま出します」。したがって、基本は生放送で、収録の時もノーカット・ノー編集です。このコンセプトで、ゲストの方にご了承いただくだけに、強い緊張感があります。

特に私は、二週間に一度金曜日だけの担当なので、慣れるのにも時間がかかりました。例えば、ＣＭをどう入れるかが難しい。制作サイドは裏の他社番組の状況を考慮しながらＣＭを入れるタイミングを決めたい。しかし、話の流れというものもあるし、ゲストとの間の空気もある。「どうしてもここまでにＣＭを一回入れたい」という制作サイドの思惑と番組の流れを勘案しながら、どこでＣＭに持っていくかが一つの采配です。ちなみに収録の場合は擬似生放送でも、時間はちゃんと切っていて、「ここでCMです」と収録時に言っています。

また、思ったように話が聞き出せない時は辛い。結論ありきの番組ではないのですが、「こういうテーマでこういう話が聞けるだろう」という想定がある中で、「何か違う方向に行っている。大丈夫だろうか」と思うと焦ります。

代表的なのは菅義偉《すがよしひで》官房長官（注1）をゲストにお呼びした時でした。当たりがソフトな方ではあるけれど、「絶対しゃべらないオーラ」が出ていて本当に辛かった。今、日本テレビで菅官房長官を担当している昔の部下はかわいがってもらっていて、「すごくいい人です」と言うのですが、「深層NEWS」キャスターの私にとっては煮ても焼いても食えない感じでした。菅官房長官は二回、私の担当の日にご出演いただいて、二回とも死にたい気持ちになりました。もちろん、私の力不足が大きな原因なのですが……。

「深層NEWS」はジャンルがいろいろあり、いずれも錚々《そうそう》たる方に出演いただいています。政治家ではクリミアを訪問したあとの鳩山由紀夫（注2）さんに来ていただきましたが、個人的に感動したのは「エジプトの秘密」というテーマで考古学者の吉村作治（注3）さんに出ていただいた時です。実は早稲田大学の学生の頃、当時の人間科学部にいらっしゃった吉村教授とエジプトに行くツアーに参加したことがあり、一緒にエジプトに行った学生時代の仲間から「感無量です」というメールをもらいました。それから、歌手の美輪明宏（注4）さんに出ていただいたのですが、「美輪さんの写真を待ち受け画面にすると幸運が来る」と聞いたことがあったので、「一緒に撮ってもらった写真ならもっとご利益があるのではないか」と思ったりしました。

テーマも様々で政治や国際情勢などお堅いものだけでなく、夏の暑い時期に「熱中症対策」をやったりもします。「深層ＮＥＷＳ」を見ていらっしゃる年齢層は高めで、五十歳以上の方が多い。熱中症というテーマでも、視聴ターゲット層にとって役に立つ情報、興味を持つ情報というところは意識しています。それから、ゲストに投げかける質問も、視聴者の方が「聞いてよかった」「ためになった」というものでないといけないから、そういう意味では「情報ライブ　ミヤネ屋」での宮根さんたちとの掛け合いとは若干違う部分もあります。

また、政治でも経済でもそうですが、現在起きていることの背後に、さまざまな過去の積み重ねがある。それを知らないと、「この人は知らないで聞いているな」と見透かされてしまいます。十分ぐらいの番組だったらわからなくても、一時間の番組だと自分の素養が見えてしまうところがあるので怖い。だから、緊張します。付け焼き刃の勉強ではできないテーマの時もありますし、三日間、必死で関係する本を読みまくったこともありました。

「深層NEWS」は時間をかけて準備をしないといけないものなので、隔週でも大変です。二週に一回の担当だと、なかなか番組に慣れないという問題もある一方で、ある意味、新鮮な気持ちでできるというメリットもあります。

ゲストに対峙しなければならない時は、アドレナリン（注5）を出してこちらのテンションを上げようと、レッドブルのようなドリンク剤を飲んで、鼻息荒く臨みます。そういう時は番組が終わった後、興奮がなかなか冷めずに眠れません。翌日、ゴルフがあったりすると、最悪です。寝不足でゴルフ場に向かったこともありました。

注1　菅義偉　一九四八年〜。秋田県雄勝《おがち》郡に生まれ、高校卒業後、集団就職で上京。二年後に法政大学法学部へ進学し、卒業後は会社勤務を経て衆議院議員・小此木《おこのぎ》彦三郎《ひこさぶろう》の秘書となる。横浜市会議員を経て衆議院議員に当選。現在は内閣官房長官。

注2　鳩山由紀夫のウクライナ訪問　二〇一五年三月、元総理大臣の鳩山由紀夫は政府の反対を無視してクリミア半島を訪問、ロシアのクリミア併合に対して理解を示す発言を繰り広げた。

注3　吉村作治　一九四三年〜。日本におけるエジプト考古学の第一人者で、早稲田大学名誉教授、東日本国際大学学長。

注4　美輪明宏　一九三五年〜。長崎県長崎市に生まれ、国立音楽大学附属高校を中退、銀座の『銀《ぎん》巴里《パリ》』でシャンソン歌手としてデビューする。一九六七年、寺山修司の舞台に立ち、演劇の世界でも活躍。歌手としては「メケメケ」「ヨイトマケの唄」、演劇では『黒蜥蜴《とかげ》』が有名である。

注5　アドレナリン　副腎髄質から分泌されるホルモンであり、神経伝達物質でもある。血中に入ると、心拍数や血圧、血糖値を上げる作用などがある。

メインデスクの日はトイレに行く暇もない

「情報ライブ　ミヤネ屋」「スッキリ!!」「深層ＮＥＷＳ」のない週は社会部デスクの仕事が中心になります。

「メインデスク」で基本的にすべてを取り仕切ることが多い日は、朝七時までに会社に行き、その日の夕方のニュースが終わるまで、社会部のニュースはすべて、責任を持って出さなければなりません。本当に重労働で、トイレに行く暇もないぐらいです。電話はひっきりなしにかかってくるし、原稿のチェックもしなければいけないし、番組にプレゼンをしなければいけないし、「メインデスク」の日が一番大変です。

メインデスクを務めるのは基本的に週二回ぐらいで、その他の日はメインデスクを助ける「サブデスク」などの仕事をします。また、「メインデスク」の前の日は原則として、翌日の予定を立てる「予定デスク」であることが多く、何かあれば「メインデスク」の手助けをすることもありますが、よほどのことが起きないと、朝、それほど早く行かなくてもいい。そういう日は気が楽です。といっても、昔から睡眠時間は少ないほうで、貧乏性だからあまり長く眠れない。たぶん三、四時間です。

キャスター週はキャスター週で「スッキリ!!」のある月曜から木曜（今は、金曜日深夜に「深層NEWS」を担当しているので、金曜日は「スッキリ!!」ニュースを担当していないので）までは、朝七時までに会社に行って、ニュースの項目を立てます。基本的に朝が早いことが多いのに、前の日に結構お酒を飲んでしまって、「スッキリ!!」の時に目が赤いということも、前はありました。最近、結膜炎用の目薬が効くことを知り、目が赤い時は差しています。

「スッキリ!!」のニュースは十時過ぎなので、そんなに早いと思っていない方がほとんどでしょうけれど、ヘアメイクも含めてニュースの項目を決めるなど準備の時間があるので、実は早いのです。

服装については、前の週にスタイリストさんが一週間分、多めに持ってきてくれ、相談しながら月曜から金曜までを決め、ロッカーにまとめて入れておいてもらいます。朝、会社に行き、順番に着ていくわけです。

スタイリストさんが借りて来て下さった服の中には、自分では絶対買わない服とか色があって、最初は「エーッ」と思ったりしたのですが、似合わないと思っていた色が意外と似合うとか、実物の見た目とテレビの映りとが違ったりとして、「こういうほうが顔が映えるのか」と、新たな発見もありました。そういう意味でもありがたい勉強をさせてもらっています。

今、服を貸してくださる所が少ないようで、スタイリストさんは大変です。特に報道の番組は、どうしても保護者会に出るような服が多くなってしまいます。固い服ばかりだと息苦しいので、夏であればブラウスにしてもらったりします。ただ、ファッション業界は実際の季節より早く動くため、七月の半ばを過ぎると秋物になる。真夏日に秋物の服は違和感があるので、なるべく季節に合ったものにしてもらいます。キャスターらしからぬ服装や髪形はだめにしても、何から何まで普段の自分と違うと、心地が悪く、仕事にも集中できないので、なるべく自分らしくいられるスタイルを選んでいます。

テレビは少年法の制限を守り続ける

今はテレビ報道が圧倒的に影響力を持っていると考える方がいますが、ネットの存在は馬鹿になりません。テレビで最初に見るよりも、ネットで速報が出たのを見たというケースも少なくない。そこで、ネットへの対処が大事になっています。

事実、日本テレビは最近、ネットにかなり力を入れています。ヤフーニュースなどで取り上げてもらうと、「日本テレNEWS24」などのアクセス数がだいぶ違うのだそうです。そのため、「早くニュース原稿を出して下さい」と求められるようになりました。

ただ、いいことばかりではありません。報道協定のところでお話ししたように、SNSが普及した今、誘拐事件で秘密保持がどこまでできるかわからないというマイナスの部分もあります。そこは本当に怖い。ネットによって、未知の世界がどんどん広がっているような感じがします。

例えば、少年事件の報道は基本的に匿名で、被害者と被疑者が同じ高校だったり、中学だったりすると、被害者も含めて匿名にする場合もあります。ところが、写真で顔にぼかしを入れても、制服の特徴などから「これはどこの学校だ」と分析され、ネットで広がったりします。それどころか、「この角度だから、こいつが被疑者だ」とわかったりもするし、実名がネットにあげられることもあります。

被害者や被疑者の情報がネットで出回ったとしても、テレビはそれを報道できません。少年法（注1）に抵触しないという制限は変わらないと思います。少年たちの更生を目的とするという部分は守っていくはずです。

ただ、年齢に関しては、下がる可能性がないとはいえません。選挙権も十八歳になったし、少年法も十八歳以下でいいのではないかと、私は思います。十九歳というと、「少年だろうか」と首を傾げたくなります。おおざっぱにいえば、高校生までが少年という気がします。でも、中卒で働く人もいますから、義務教育を終えればいいという見方もあるかもしれません。その辺は時代に合わせた議論を深めて欲しいなあ、と思います。

注1 少年法　未成年の者に適用される刑法・刑事訴訟法も特別法である。非行少年更生と保護を基本理念として、特則が設けられている。

日本テレビという看板があって仕事ができた

社会部デスクになって七年になります。社会部デスクだけをやっていたら、さすがに飽きてくるだろうと思いますが、社会部に軸足を置きつつ、キャスターという新たな挑戦をさせてもらっているので、自分の中でバランスが取れているように感じます。

相模原《さがみはら》の障害者施設で殺傷事件があった時はキャスター週でしたが、事件発生の日は社会部デスクとして夕方の「news every.」（注1）で解説もしました。また、ＢＳの「深層ＮＥＷＳ」で月曜日から木曜日を担当するキャスターが夏休みだと、代打のキャスターに立つこともありました。そういう形でいろいろなことをやらせてもらえるのがありがたいし、番組側の視点と社会部の現場の視点とを合わせ持てるところは、後輩にアドバイスする時に効果的だと思っています。

警視庁クラブのキャップの時は、「警視庁に詰める記者として事件報道で一番になる」という明確な目標がありました。「一番」というのはスクープだけでなくて、発信する情報が「早く」「正確で」「内容も濃く」「わかりやすく」「きちんと検証する」という、いずれの面でも一番になるということです。この目標に向かってチームとして仕事をしたわけですが、そういう意味ではがんばりやすかった。一方、今は「一番」の定義が難しい仕事でもあり、自分の不甲斐なさを感じることが少なくありません。

「記者とキャスターのどちらが自分に合っているか」と問われると、答えるのが難しく、どんな事にも「天職だ」と思ったことはありません。私はずっと報道畑を歩んできましたが、「向いているのか」という適性も含めて、迷いは常にありました。といって、ほかに何ができるわけでもないし、自分一人で現在と同じぐらいの影響力を持って発信することは難しい。「虎の威を借る」ではないけれど、日本テレビという看板があって仕事ができたと思っています。

注1 news every. 二〇一〇年三月から日本テレビ系列で放送しているニュース番組である。アナウンサーの藤井貴彦がキャスターを務める。

「サンカイ事件」と「スーパーミス事件」

もともとアナウンサーではないので、原稿でかんだりすることがあります。最初のうちは「視聴者が、こいつ、またかんだ、と思うだろうな」と考えたりして落ち込んだけれど、今は「私、記者だし」とある意味、開き直って気にしないようにしています。「かんだ」というレベルを超えて、読み間違いをしたこともあります。この時はものすごい苦情が来ました。

沖縄で米兵がマンションの三階の部屋に侵入し、そこにいた中学生を殴って捕まった事件を伝える時、「ビルの三階（さんがい）に侵入し」というところを「ビルの三階（さんかい）に侵入し」と話したのです。これに対して、「どうしてあのアナウンサーは三階《さんかい》と言ったのか。一階《いっかい》、二階《にかい》、三階《さんがい》だろう」という苦情が寄せられました。

日本テレビには視聴者から来た苦情を精査し、明らかな間違いは冊子に載せる部門があって、私の「サンカイ事件」が議題として取り上げられました。この時は、井田由美さんの「現場でそういう間違いをしないために、正しい日本語で読みましょうと徹底すればいいのではないですか」というひと言で、事なきを得ました。

ただ、私としては「どうして間違えたのかと言われても……」という感じでした。細かいことを気にする視聴者にもきちんと対応すべきだとわかっています。でも、三《さん》階《がい》を四階《よんかい》と言ったら間違いで意味が変わってしまうけれど、三階《さんかい》と言ったところで、「サンカイって何だ？」とわからない人がいるのかという気がしました。

とはいえ、普通と違う言葉の使い方をする時、正しい日本語を知って言うのと、知らなくて言うのとでは違うし、読み間違いはもっと違う。そこは素直に聞かないといけない部分があると思っています。

なお、今の時代、訂正をすぐ入れるテレビ番組は多く、これは別に謝らなくてもいいのではないかというものまでやります。昔だったらやらないケースもやるようになっています。

訂正で思い出したのは私が新人だった頃の失敗です。一九九五年、指紋を消して逃亡していた松本剛というオウム真理教の信者が、石川県のホテルに潜伏していたところを発見されました。松本は大物の信者だったので大騒ぎになったのですが、この時のニュースで私がスーパー（字幕）を書きました。

スーパーはいろいろな映像に合わせて書きますが、松本が潜伏したホテルの外観を使った映像のところで、それが何かを表わすため、場所とともに「松本剛容疑者をかくまっていたホテル」と書いた。私の中では「オウムが松本剛をかくまっていたホテル」だったのですが、パッと見たら「ホテルがかくまっていた」と読める。しかも、そのホテルが系列局の大スポンサーだったそうなんです。当然、系列局から「何ということをするんだ」と厳しいクレームが入りました。

「すみません。私はオウムがかくまっていたというつもりで書いたのですが」と弁解したら、「どう見たって、ホテルがかくまってたように見えるだろうが」と言われ、「おっしゃる通りです」。

「オウムが容疑者をかくまっていたホテル」ならよかった。でも、「容疑者をかくまっていたホテル」では誰が見ても×でしょう。スーパー一つ書くにしても、短い文字数に縮めつつ、意味を変えてはいけないだけに、実は難しい作業なのです。

でも、この時はしかるべき人が謝りに行き、私は謝罪文を書くぐらいですませてくれました。いい時代だったと、つくづく思います。

エピローグ　酒とゴルフと男と女

日本酒は美容に最適です

警視庁クラブに配属されて一番印象的だったのは、おまわりさんはお酒が大好きということです。飲めなくても、飲めないなりの取材はできるし、別にかまわないのだけれど、「これは飲めたほうがいい」と思いました。

当時、私はお酒を一滴も飲めなかった。母が下戸で、父がお酒好き。勝手に母似だと信じ、飲めないと思いこんでいたのです。だから、大学時代は一滴も飲んでいませんでした。

捜査一課の担当記者たちと課のナンバースリーの管理官（注1）以上の人たちとで、

花見などを口実に飲み会が開かれました。そこで飲み比べになると、「これは勝たねばならない」と対抗心が芽生えて、鍛えたりもしました。そのうちに、いやいや飲んでいたはずが、「あれ、飲める」と気付いた。実は父似だったのです。飲めないと思いこんでいた自分が馬鹿だったと思いました。

飲み比べで勝負して勝つと、「強いなあ。また飲みに行くか」と言われたりします。一緒に飲める人ができて、だいぶ変わりました。人間関係の幅が広がっただけでなく、お付き合いの深さが違ったように感じます。

夜回りは何かを確認するとか、人間関係をつくることにつながるけれど、時間が限られます。だから普通に夜回りするより、飲んで話したほうが、その人の思考だったり、「警察官のマインドはこういう感じなんだ」とか、「事件はそうやって捜査していくのか」とか、いろいろなことがわかります。事件に関する直接のネタではないけれど、それは記者として役に立ちます。

当時は若かったので、「若い女性が家の前で待っているのは迷惑だろう」など、いろいろなことを気にしました。ご近所迷惑だから逆に家に入れてくれる時もあったけれど、その人の帰り道の飲み屋で待ち伏せするとか、行きつけのバーに行くほうがいいと考えて、「お互いのためになる工夫をしましょう」と一方的な考えを押しつけて飲んだりもしました。

お酒を飲んでいる場で聞いたことをメモできないから、トイレで同期や同僚に電話してメモしてもらったり、ＩＣレコーダーに吹きこんだりしました。

日本酒で大失態を演じたことはすでにお話ししましたが、お酒の中でも「日本酒が一番！」になったのは二〇一〇年のことです。この年の七月から「ズームイン!!ＳＵＰＥＲ」で朝の六時のニュースに出るようになり、午前二時半起きの午前四時出社。最初の一週間はほとんど寝ることができず、どんどん自分の顔がくたびれて、細胞から水分がなくなっていくのを感じました。コラーゲンドリンクなども飲んだけれど、全然効きません。

「こうやって老いていくんだ」と自暴自棄に近い心境になり、土曜日になって「朝から鰻を食べ、日本酒を飲もう」と思い立って浅草へ行きました。この時に日本酒を飲んだら、どんなコラーゲンドリンクを飲んでも潤わなかった肌の細胞のすみずみまで水分が行き渡るような感じがした。それ以来、日本酒ファンになりました。

以後、お酒はコミュニケーションツールであるだけでなく、美容ツールにもなり、人によっては日本酒美容法を推奨しています（もちろん、お酒の飲めない人には勧めません）。私は飲むだけでなく、飲みかけで余った日本酒をお風呂に入れたりもします。日本酒のおかげで心もお肌もツヤツヤです（笑）。

注1　警視庁の管理官　課内で課長、理事官に次ぐポスト。複数の係の統括役を務め、階級は警視である。

「おじさん臭」が漂う私の趣味

現在の私の趣味と言えるのはゴルフぐらいでしょうか。昔は車の運転（夜、コンビニに行く途中にカーナビテレビで流れた「そうだ京都へ行こう！」のCMを見て、そのまま京都まで運転して行ってしまったこともありました）やお寺・遺跡巡り、シュノーケリングなどをあげていましたが、今は仕事とゴルフしかしていないという感じです。

国税庁の記者クラブは麻雀とゴルフが盛んでした。私は麻雀をやらなかったけれど、ゴルフはやってみようと思い、生まれて二度目のコースに出たのが国税庁クラブのゴルフコンペだったと思います。

おじさま方がコミュニケーションツールとしてゴルフをやるのは納得できます。少なくとも半日は一緒に回る中で親密になれるし、同行する人の性格がだいぶわかります。

女性が一人というシチュエーションが多いのですが、レディースティー（注1）は使いません。せっかくみんな一緒にいるのに自分だけが外れるのは嫌だからです。できれば同じ所でティーショットを打ちたい。でも、距離が出なかったりして迷惑をかけると、「前で打てよ」と思われてしまう。

「迷惑がかからない程度で同じ所で回れるようになりたい」

このことを最初の目標にして、何とかクリアしています。

警察関係の方ともゴルフに行きます。現場の人はなかなか時間がつくれないので、OBの方が多いのですが、OBとはいえ、ティーショットを飛ばす方もいらっしゃる。立てこもりや誘拐を担当する捜査一課特殊班のトップだった方は、現役時代から七十台で回っていると聞いたことがあり、「本当に仕事をしているのかな」と思ったのですが、「あんなにうまい人は見たことがない」と、みんなが口々に言います。是非見てみたいと思いました。残念なことになかなかスケジュールが合わず、一度も一緒に回らないまま現在にいたっています。

もちろんコミュニケーションツールというだけでなく、本当に楽しくゴルフをしています。でも、仕事とゴルフ（＋酒）って、おじさん臭が漂っていませんか。

注1 レディースティー ゴルフで距離を比較的短くしてある女性用のティーグラウンド。

男と女は平等だけど、違うところがある

最初に夜回りに行った先で「女は来るな」と怒鳴られたことはお話ししましたが、女性ということを、ある程度意識してきました。

女性を売り物にするつもりがなくても、男性が多い中にあっては、女性ということだけで目立ちます。私は女性記者と男性記者がまったく同じだとは思わないし、それ

どころか絶対に違うと思うのです。

今は男も女も平等という流れがあり、もちろん平等なのだけれど、「違うところがある」と認識できたほうが楽だし、便利であり、自分のためにプラスだと思います。でも、だからといって、「女」を前面に出して仕事をしても、結局、いいことは男性にも女性にもない。自分の身を守るという意味でも、例えば体のラインが見えるような服で夜回りに行かないとか、基本的にあまりズボンが好きではなかったので普段はスカートを履いていたけど、夜回りに行く時はズボンに着替えるとか、気を付けられるところは気を付けるようにしました。

そういうことは後輩にも伝えたつもりです。自分が思ってる以上に、女性と男性が違うということを認識し、気を付けておいたほうが楽だよ、と。

夏は暑いから薄着になったり、胸の開いた服を着ていたりすると、夜回りで家に上げてもらった時に「誘っているのか」と誤解されるかも知れない、と具体的な注意もしました。こちらが気にしなくても、相手が意識過剰になることがあります。自分が注意してガードしておかないと、誤解してしまう相手にも気の毒です。

活躍する女性記者が増え出した頃、某新聞社の男の記者が「女性の当局だったら、おれだって、いっぱいネタを取れるのに」とやさぐれ気味に言ってきました。今は当局も女性の幹部も増えました。私の見るところ、女性幹部のほうがガードは固そうです。

日本テレビの警視庁クラブはキャップが私、サブキャップも女性という時がありました。男の記者たちも「生理が来るのではないか」と冗談を言うくらい怖がっていて、ある意味かわいそうでした（笑）。

「無視されるのと、ヒールで踏まれるのと、どっちがいい」

「男だから」「女だから」というのではなく、みんなそれなりにプライドがあります。私が警視庁クラブのキャップだった時、若い子たちは「自分をないがしろにされるのが嫌で、尊重されたいという願望が強い」ことを知りました。

自分だけが知らされていないとか、自分が無視されたということを何よりも嫌がった。冗談めかして、「無視されるのと、ヒールで踏まれるのと、どっちがいい」と聞くと、「ヒールで踏んでください」と答えるほどでした。この時は「無視しないから、どんなことでも耐えろよ」と釘を刺したのですが、そのへんのケアは心がけて、忙しい時でも無視せず、ちゃんと話を聞いてあげるようにしたつもりです（もちろんヒールで踏んでもいません）。

私がキャップになった年に、モルガンスタンレーに務める男性と結婚し、渋谷のNHK近くのマンションに住んでいた三橋歌織という女性が、夫を殺して遺体をバラバラにして捨てた事件（注1）がありました。その時に二人の知人で「奥さんとのやり取りのテープを持っている」という人が見つかりました。その人は「夫がいなくなったことを心配していなくて不自然だ」というのです。

これは三橋歌織を警視庁がマークしているという情報と合致し、信憑性《しんぴょうせい》が高いので、何とか入手して使おうといろいろやりとりしました。ただ、間もなく逮捕されるという情報が入り、焦ったため、一番下っ端には知らせず、あわててそのテープを入手した。そして、何とか逮捕に合わせてオンエアしました。

逮捕後は大変な取材合戦になり、みんな徹夜で仕事をした。下っ端の彼も午前三時、四時に夜回り、現場取材をする中で、「なぜ、僕に知らせてくれなかったんだ」という苦情を、三時間ぐらい、電話で私に訴えました。

季節は冬。私は警視庁クラブにいるから暖かいけれど、外にいる彼は寒さをものともせずに、延々と話し続けるのです。「携帯電話の電池が切れそうなのでかけ直します」と言って、電話を切り、これでおしまいと思ったら、すぐ電話をかけてきた。「嘘でしょう?」と私は心の中でつぶやきました。

原稿を書きながら「そうだね、そうだね」と彼の苦情を聞き続けたのですが、それは本当にしんどかった。でも、今は某クラブでキャップを務める彼から「ああやって聞いてくれたり、周りがそういう自分を見捨てずに相手してくれたことのありがたみが、今はわかります。本当に感謝しています」と言われました。ある程度、無駄だと思っても、気がすむまでしゃべらせ、聞いてあげることが、時には必要なのだと私は教えられた気がします。

それから、クラブの中で役割分担みたいなものも意識しました。短気のサブキャップがいる時、私はあまり叱らない。ガミガミ言う人ばかりだと、ただ単にうるさい上司のいる集団になってしまいます。サブキャップがおとなしい人の時は私がなるべくガミガミ言う。そのへんはバランスを見て、お父さんとお母さんの役割分担をしたほうがいいと思っていました。

警視庁クラブは十名程度の小さな所帯ではありますが、二十四時間、誰かが必ずいて、何かあったらすぐ出動するという点で軍隊的でもあるし、家族的な部分もあります。家族よりも一緒にいる時間が長かったりするし、チームワークがよくないと、どうにもなりません。

キャップに在任していた二年九カ月。メンバーは変わりましたが、みんな本当にキャップである私を支え、盛り立ててくれました。私も「背中に受けた逃げの傷は許さないけど、真正面から誤って受けてしまった傷は、絶対に守るから」と言って、小さなミスにとらわれず積極的にやるよう促したつもりです。最近は、どの世界もミスがなかなか許されないご時世になっているようで、若い人たちが気の毒に見えることがあります。

注1　夫を殺し、遺体をバラバラにして捨てた事件　二〇〇六年十二月、外資系不動産投資会社に勤める三十代の夫を殺した三橋歌織は、遺体を切断、東京都新宿区、渋谷区などに遺棄したが、ＤＮＡ鑑定で遺体が歌織の夫であることがわかり、翌二〇〇七年一月、歌織は逮捕された。二〇一〇年六月、懲役十五年の実刑が確定した。

櫻井よしこさんに「その格好は何ですか」と注意された思い出

櫻井よしこさんはテレビ報道を志した時から、私の憧れでした。大学の卒論を書く時、日本テレビの政治部長だった人にお願いして、いろいろな人を紹介いただき、インタビューしたことはすでにお話ししましたが、「きょうの出来事」のキャスターだった櫻井さんもインタビューさせていただいたお一人でした。

当時麹町の日本テレビの一階に喫茶店があって、そこでお話をうかがいました。一般の人も入れる喫茶店だったので、おばさんたちが「あ、櫻井さんだ！」と突然声をかけて近寄って来た。私はびっくりしてしまったのですが、櫻井さんはスッと立ち上がって「ありがとう」と笑顔で握手し、席に戻ると、何事もなかったように「それでね」と話を続けられた。どんな時でも落ち着いていることと、切り替えの速さに、「すごい！」と感嘆しました。

日本テレビの志望動機の一つに「きょうの出来事」の櫻井さんを挙げました。当時、ミドリ十字の血液製剤によるＨＩＶ事件（注1）で帝京大学の安部教授に、櫻井さんが猛烈なアタックをしていて、あの事件は「きょうの出来事」が先行しているという印象があった。面接の時は「それに感動しました」と言ってアピールしました。

櫻井さんがキャスターを務める「きょうの出来事」の最後のオンエアで、櫻井さんのいろいろなシーンが流れたのですが、最初にドアを開けて「こんにちは」と入ってきた時、髪が長くて、すごくかわいらしかったのが印象に残っています。個人的なことで恐縮ながら、櫻井さんが「きょうの出来事」を終える時はサインをもらいました。ファンだった両親にプレゼントし、二人は喜んで家に飾っています。

櫻井さんは十年以上専属で「きょうの出来事」を担当されたので、私が入社して五、六年くらいは重なっているのですが、一緒にお仕事をしたことがほとんどありません。あるのは叱られた記憶です。

二年目以降はほとんど会社に行かなかったから、新人の時のことだと思います。今と違って、昔は「きょうの出来事」の放送が終わると、スタッフたちが報道局で一杯やっていました。オウムの南青山総本部の張り番に行った後だろうと思うのですが、会社に戻り、報道局に入るとたまたま櫻井さんと目が合いました。すると、突然「下川、こちらにいらっしゃい」と呼ばれ、「その格好は何ですか」と注意されました。暑いから遊び着のTシャツを着て、若かったから足も出していた。「あなた、それでご不幸にあわれた遺族の所へ取材に行けるの？」と言われた私は、「その時は着替えます。でも、すみません」と、ひと言多いながらも謝りました。

着替えたりすれば、その分、現場に着く時間が遅れます。私はテレビ局志望の学生に向けたコメントに「一分一秒を争う現場では、考えるよりとにかく一歩踏み出すスピードが求められます。フットワークが軽くなければ、他社に遅れを取ったり、締切時間内に取材を終えられなかったりすることも考えられるからです」と書きましたが、「駆け出しの新人が他の記者より遅れて現場に行ってどうするの」と、警視庁クラブのキャップだった時なら怒鳴りつけたでしょう。

記者は常在戦場。

櫻井さんのおっしゃったことは正鵠《せいこく》を射た注意でした。

注1　ミドリ十字の血液製剤によるＨＩＶ事件　一九八〇年代に血友病患者などにウィルスに汚染された非加熱製剤を使ったことで、ＨＩＶ感染者を生んだ事件である。帝京大学医学部の安部英《たけし》、ミド

リ十字の代表取締役を務めた松下廉蔵《れんぞう》、須山忠和、川野武彦、厚生省の官僚だった松村明仁が業務上過失致死容疑で起訴された。ミドリ十字の三人には実刑判決、安部に無罪判決、厚生省の官僚に有罪判決が出た。なお、安部はフリージャーナリストの櫻井よしこに損害賠償などを求めて訴訟を起こしたが、一審は安部の敗訴、二審は安部の逆転勝訴、最高裁は安部の逆転敗訴となった。

常識、思いやり、謙虚さが報道記者の三点セット

報道の世界でもっぱら社会部に身を置いてきました。そこで感じたのは、記者の仕事は地味で無駄な作業が多いけれど、早く正確なニュースを多くの人たちに伝え、世の中に役立つ情報を提供しているという自負とやりがいです。その上にスクープの喜び——自分ならではの情報網から情報を得て報道する喜び——があります。

報道記者にとってスクープは何よりも大事と思われる方は多いでしょう。でも、スクープだけでなく、自分が報じた内容で関係者に感謝された時もまた、記者冥利《みょうり》につきるといっても過言ではありません。

二〇〇七年七月に「真相報道バンキシャ！」という番組で、一九九五年七月に起こった八王子のスーパーナンペイ射殺事件という未解決事件の真相に迫る再現ドラマを報じました。前に触れましたが、アルバイトの女子高校生二人とパートの女性の三人が何者かに拳銃で射殺された事件です。

担当記者たちと協力して表に出ていない詳細情報を集め、捜査幹部の出演も取りつけました。この番組は視聴者や同業他社、当局からの反響は大きかったのですが、何よりも遺族が感謝してたよ、と間接的ながら聞いた時は涙が出ました。

では、どうすれば「いい仕事」ができるのか。報道記者に必要不可欠なのは突出した感性よりも〝常識〟だと私は考えています。

社会部で扱う事件や事故は、非常識な人によって常識ある人の生活が脅かされるという内容のものがほとんどですが、ニュースを見るのは常識ある一般の人です。視聴者である一般の人々が、事件や事故に対してどう思い、何を知りたがっているのかを踏まえ、どういう視点で取材をすればいいのかをわかるには、常識人であることが大切です。記者に必要な素養の七割は常識、あとの三割がクリエイティビティや個性、そして執着心でしょう。

さらにいえば、人を思いやる心と謙虚さが大切です。取材相手は人間。信頼されなければ取材はうまくいきません。

これは警察学校で講義した時に話したことですが、オウム事件の頃、警視庁の名捜査一課長として高名だった寺尾正大《まさひろ》さんは「警察もマスコミも目指す所は一緒なんだが、お互いに今一つわかっていない」とおっしゃった。「目指す所」をひと言でいえば「社会正義の実現」です。それを警察の人間も報道機関の人間も「今一つわかっていない」というのです。だから、警察には報道機関を「捜査を邪魔する敵」あるいは「広報機関」と考える人がいるし、報道の側には「スクープが命。スクープのためには捜査妨害になっても気にしない」あるいは「目的意識が希薄で、やみくもに働くだけ」という記者が出てくる。

そうなった要因として、報道の側と警察の側の接点が希薄になったことがあると私は考えています。そのため、人間と人間としての信頼関係がつくれない。信頼関係がないところでまともな取材などできるはずがないし、警察も捜査妨害を止められないでしょう。そういう「土壌」が暴走記事や誤報につながるのではないかと思います。

ただ、接点が希薄になった背景には、公務員倫理の遵守《じゅんしゅ》、個人情報保護といった時代の流れがあり、昔のように大部屋で記者と警察官がお酒を酌《く》み交《か》わして話をすることなど不可能になっています。今、警視庁でも捜査一課のデカ部屋に記者は入れません。

そういう時代ではありますが、人を思いやる心と謙虚さを持つことで、個人と個人の間での信頼関係は築けるはずです。

これは報道記者と警察との関係に止まらず、事件関係者への取材にもあてはまるし、おそらくはビジネスの世界でも通用するのではないかと思います。信頼関係は人が仕事をする上で、何よりも大事なものではないでしょうか。

そして最後に、私が、いえ、私たち日本テレビ報道局が決して忘れてはならないことがあります。二〇一〇年七月、埼玉県秩父市の山中で防災ヘリが墜落する事故があり、数日後、その検証取材のために取材に行ったカメラマンと記者が亡くなりました。詳細な経緯はわかっておりませんが、前日から連絡が取れなくなり、見つかった時には心肺停止の状態でした。

特に記者の北優路《きたゆうじ》君は、私が警視庁キャップ時代の公安担当で、ものすごく信頼し

手前左が北君。警視庁クラブにて

ていた後輩でした。「心肺停止」という言葉は、現場で消防隊は死亡認定はできないけれど、心臓は動いていない厳しい状況なのは、これまでの報道経験上よくわかっていました。さらに北君ら二人はビニールシートにくるまれ、ヘリコプターで吊られて、発見現場の沢から近くの丘へと運ばれて行きました。その映像を本社で見るにつけ、もう亡くなっていることはわかりながらも、なんとか生きていて欲しいと願わずにはいられない気持ち。そして、やはり死亡認定されてしまった時の絶望感。その後、泣きながら、いまだに自分の中で消化できていない彼らの死を原稿にし、オンエアしなければならず、なんて因果な仕事なんだろうと思いました。でも、とにかく私たちがよく知っている北君の真面目で真摯な取材ぶりや人柄を伝えられる写真をオンエアで使おうと必死で彼のリポートなどを探しました。その時に見つけて写真に切り取った姿をご家族も気に入って下さり、遺影にもしてくれました。彼は三十一歳でしたが、入社まもなく結婚して、生まれたばかりの男の子をはじめ、三歳の女の子と五歳の男の子、三人のお父さんでもありました。

あれから六年。北君のご家族は毎年、命日の近くに日本テレビに遊びに来てくれます。お父さんのことを全然覚えていない一番下の子も来年は小学生です。北君らを亡くし、家族から北君を奪ってしまったことの大きさを私たちは様々な形で感じ続けています。

安全な取材の大切さ、命の大切さ、報じる事の重大さ、そして残酷さも。だからこそ私たちは、どこよりも命を大切にした優しい報道ができる、やり続けなければならない、そんな自負と使命感を持っています。

今回、「テレビ記者の仕事について書いてみませんか？」とお話をいただき、最初は、私の話など書いたところで世の中の役に立たないだろう、とお断りしようかと思いました。でも、確かにテレビの報道記者たちが、どんなことを考えながらニュースを取材したり、放送しているのか、少しでも知っていただけると、ニュースもまた違う形で見ていただけ、親近感を感じてもらえるのではないか。そして、私の経験や失敗談もいろいろな形で生かしていただけることがあるかもしれないと思い、書かせていただきました。少しでも「刺さるもの」があったら光栄です。

下川美奈（しもかわ・みな）

日本テレビ報道局社会部デスク兼キャスター。1972年生まれ。早稲田大学政治経済学部卒。日本テレビに入社。以来、主に社会部で事件などの取材をする。2006年から2年9カ月間、新聞・テレビ含めて女性初の警視庁キャップを務め、2009年1月からは社会部デスクとして、事件・災害取材などの指揮をする。2010年7月からは社会部デスク業務とともに、隔週で情報番組のニュースコーナーのキャスターを担当。現在は朝の『スッキリ!!』と午後の『情報ライブ　ミヤネ屋』のニュースコーナーでニュース項目のセレクトからキャスターも務める。また、2014年4月からは隔週金曜にBS日テレの『深層NEWS』のキャスターとしても活躍。

テレビ報道記者

2016年12月５日　初版発行

著　者　下川　美奈

発行者　鈴木　隆一

発行所　ワック株式会社
東京都千代田区五番町4-5　五番町コスモビル　〒102-0076
電話　03-5226-7622
http://web-wac.co.jp/

印刷人　北島　義俊

印刷製本　大日本印刷株式会社

ISBN978-4-89831-453-1